周期表

10	11	12	13	14	15	16	17	18	族/周期
								2 **He** ヘリウム 4.003	1
			5 **B** ホウ素 10.81	6 **C** 炭素 12.01	7 **N** 窒素 14.01	8 **O** 酸素 16.00	9 **F** フッ素 18.998	10 **Ne** ネオン 20.180	2
			13 **Al** アルミニウム 26.982	14 **Si** ケイ素 28.085	15 **P** リン 30.974	16 **S** 硫黄 32.065	17 **Cl** 塩素 35.453	18 **Ar** アルゴン 39.948	3
28 **Ni** ニッケル 58.69	29 **Cu** 銅 63.55	30 **Zn** 亜鉛 65.38	31 **Ga** ガリウム 69.72	32 **Ge** ゲルマニウム 72.63	33 **As** ヒ素 74.92	34 **Se** セレン 78.96	35 **Br** 臭素 79.90	36 **Kr** クリプトン 83.80	4
46 **Pd** パラジウム 106.42	47 **Ag** 銀 107.87	48 **Cd** カドミウム 112.41	49 **In** インジウム 114.82	50 **Sn** スズ 118.71	51 **Sb** アンチモン 121.76	52 **Te** テルル 127.60	53 **I** ヨウ素 126.90	54 **Xe** キセノン 131.29	5
78 **Pt** 白金 195.08	79 **Au** 金 196.97	80 **Hg** 水銀 200.59	81 **Tl** タリウム 204.38	82 **Pb** 鉛 207.2	83 **Bi*** ビスマス 208.98	84 **Po*** ポロニウム (210)	85 **At*** アスタチン (210)	86 **Rn*** ラドン (222)	6
110 **Ds*** ダームスタチウム (281)	111 **Rg*** レントゲニウム (280)	112 **Cn*** コペルニシウム (285)	113 **Nh*** ニホニウム (278)	114 **Fl*** フレロビウム (289)	115 **Mc*** モスコビウム (289)	116 **Lv*** リバモリウム (293)	117 **Ts*** テネシン (293)	118 **Og*** オガネソン (294)	7

63 **Eu** ユウロピウム 151.96	64 **Gd** ガドリニウム 157.25	65 **Tb** テルビウム 158.93	66 **Dy** ジスプロシウム 162.50	67 **Ho** ホルミウム 164.93	68 **Er** エルビウム 167.26	69 **Tm** ツリウム 168.93	70 **Yb** イッテルビウム 173.05	71 **Lu** ルテチウム 174.97
95 **Am*** アメリシウム (243)	96 **Cm*** キュリウム (247)	97 **Bk*** バークリウム (247)	98 **Cf*** カリホルニウム (252)	99 **Es*** アインスタイニウム (252)	100 **Fm*** フェルミウム (257)	101 **Md*** メンデレビウム (258)	102 **No*** ノーベリウム (259)	103 **Lr*** ローレンシウム (262)

*の元素の放射性同位体の質量数の一例を( )内に示す.

ショートコース
有機化学
有機反応からのアプローチ

奥山 格 著

丸善出版

はじめに

　有機化学が多彩な学問分野であることは，化学を学んだ者が誰しも感じることだろう．私たちのまわりは有機物質で満ちあふれており，私たちの身体をつくっているのも有機化合物である．私たちの生活を豊かにしている種々の工業製品は有機反応でつくられており，生命の営みも有機反応に基づいている．この多様な有機化学を学ぶためには，有機化合物をつくりあげる化学結合の基本原理と，その結合の組み替えである有機反応を支配する電子の流れとを理解することが重要である．

　このような考えから，有機化学を担当する全国の大学教員があいはかって，有機反応を軸にした新しい有機化学の教科書"有機化学"を企画し，数年前に出版した（奥山 格 監修，"有機化学"，丸善出版，2008年）．この教科書は，幸い好評を得て増刷を重ねているが，もっとコンパクトな教科書を要望する声も聞くようになってきた．そこで，前著のコンパクト版として半年のコースで学習しやすい教科書にまとめたのが本書である．したがって，本書はコンパクトに基礎的な事項をまとめているが，たんに有機化学の一端に触れるという一般教養としての有機化学の教科書ではない．化学結合の原理に基づいて有機反応がどのように起こるのか，電子の流れで反応を理解するという形をとっているので，有機化学を専門とはしないが，将来その応用分野に携わる可能性のある生命科学系および理工系専攻の基礎有機化学の教科書として適当である．また，短時間に有機化学の骨組みと全体像をつかみながら，さらに深く有機化学を学ぼうとする学生諸君の入門書としても適している．

　前著をもとにして本書をまとめるにあたり，著者の自由な執筆を快諾いただいた前著の共同執筆者の先生方に心から御礼申し上げる．理論的な混成軌道や分子軌道の形を作成するにあたり，大阪大学の岸 亮平氏のお力添えを得た．また，本書の出版にあたり終始ご尽力いただいた丸善出版株式会社の小野栄美子氏に厚く謝意を表する．

　2011年 初秋

奥 山 　 格

目 次

1 有機分子のなりたち ……………………………………………………… 1

- 1.1 原子の性質を決める電子　*1*
  - 1.1.1 原子の電子配置　*1*
  - 1.1.2 価電子と原子のルイス表記　*3*
- 1.2 電子は対になる　*3*
  - 1.2.1 イオンの生成　*3*
  - 1.2.2 共有結合の形成　*4*
  - 1.2.3 結合の極性と双極子　*5*
- 1.3 ルイス構造式　*6*
- 1.4 共 鳴 法　*9*
  - **コラム** 原子と元素，分子と化合物そして物質　*2*
  - 放射性炭素同位体による年代測定　*10*

2 分子のかたちと電子の広がり …………………………………………… 11

- 2.1 共有結合の軌道モデル：水素分子の結合　*11*
- 2.2 炭素の結合　*12*
  - 2.2.1 メタンの結合：sp^{3}混成軌道　*12*
  - 2.2.2 エテンの結合：π（パイ）結合　*14*
  - 2.2.3 エチンの結合　*15*
  - 2.2.4 混成軌道のエネルギー　*15*
- 2.3 ブタジエンの結合　*16*
- 2.4 ベンゼンの結合　*16*
- 2.5 芳 香 族 性　*17*
- 2.6 分子構造の表し方　*18*
- 2.7 異 性 体　*19*
  - **コラム** 心地よい芳香をもつ芳香族化合物　*17*
  - 光の吸収と色　*20*

3 いろいろな有機化合物とその性質 ……………………………………… 21

- 3.1 炭化水素とその名称　*21*
- 3.2 官能基と有機化合物の種類　*24*
  - 3.2.1 有機化合物の種類　*24*
  - 3.2.2 体系的命名法の考え方　*25*
- 3.3 分子間に働く力と有機化合物の性質　*26*
  - 3.3.1 分子間力　*26*
  - 3.3.2 物質の状態　*27*
  - 3.3.3 溶 解 度　*28*
  - **コラム** 有機資源：石油とガソリン　*23*

4 酸と塩基 …………………………………………………………………… 29

- 4.1 プロトン酸と平衡反応　*29*
- 4.2 酸の強さとそれを決める因子　*31*
- 4.3 炭素酸とカルボアニオン　*33*
- 4.4 有機化合物の塩基性　*33*

4.4.1 アミンの塩基性　34
4.4.2 弱塩基性有機化合物　35
4.5 ルイス酸と塩基　35

コラム　緩衝液　30
　　　　　抽出　36

5　三次元の有機分子：立体化学　37

5.1 アルカンの立体配座　37
5.2 シクロアルカン　39
　5.2.1 シクロプロパン, シクロブタンおよびシクロペンタン　39
　5.2.2 シクロヘキサン　39
5.3 シクロアルカンのシス・トランス異性　40
5.4 鏡像異性　41
　5.4.1 キラルな分子　41
　5.4.2 キラル中心の R, S 表示　43
　5.4.3 ジアステレオ異性　44
　5.4.4 キラル炭素をもたないキラル分子　46
5.5 立体異性体の性質　46
　5.5.1 光学活性　47
　5.5.2 ラセミ体と光学分割　47

コラム　右巻きと左巻きのらせん　47
　　　　　化学者は賭けに勝った　48

6　有機反応はどう起こるのか　49

6.1 4種類の基本反応　49
6.2 結合の切断と生成：3種類の反応機構　50
6.3 反応のエネルギー　51
6.4 軌道の相互作用　53
6.5 巻矢印で反応を表す　54

コラム　HOMO-LUMO相互作用と福井謙一　54
　　　　　求電子種は発がん性をもつかもしれない　58

7　飽和炭素における反応 I：ハロアルカンの置換と脱離反応　59

7.1 求核置換反応　59
　7.1.1 S_N2 反応機構　59
　7.1.2 S_N1 反応機構　61
　7.1.3 カルボカチオンの安定性　62
　7.1.4 S_N2 と S_N1 反応機構の競争　63
7.2 脱離反応　63
　7.2.1 E1反応機構　63
　7.2.2 E2反応機構　64
　7.2.3 E1cB反応機構　65
　7.2.4 脱離反応の位置選択性　66
7.3 置換と脱離反応の競争　67

コラム　ハロアルカンと環境－フロンによるオゾン層破壊　67
　　　　　ハロアルカンと環境－ポリハロゲン化物の生態系への影響　68
　　　　　麻酔薬としてのポリハロ化合物　68

8　飽和炭素における反応 II：アルコールとエーテルの反応　69

8.1 酸触媒反応　69
　8.1.1 酸触媒求核置換反応　69
　8.1.2 アルコールの酸触媒脱水反応　71
　8.1.3 カルボカチオンの転位　72
8.2 ヒドロキシ脱離基の変換　72
8.3 エポキシドの開環　73

    8.3.1　酸触媒開環反応　*73*
    8.3.2　塩基触媒開環反応　*73*
  8.4　アルコールの酸化　*74*

8.5　硫黄化合物　*75*

> コラム　飲酒テスト　*74*
> 　　　　植物ホルモンとしてのエテン　*76*

9　不飽和結合における求電子反応Ⅰ：アルケンへの求電子付加　……………　77

  9.1　アルケンへの求電子付加　*77*
    9.1.1　ハロゲン化水素の付加　*77*
    9.1.2　酸触媒水和反応　*78*
    9.1.3　オキシ水銀化とヒドロホウ素化　*79*
    9.1.4　ハロゲンの付加　*80*
  9.2　アルキンへの付加　*80*

  9.3　ブタジエンへの 1,2- 付加と
       1,4- 付加　*81*
  9.4　ディールス・アルダー反応　*82*
  9.5　アルケンの酸化反応　*83*
  9.6　水素の付加　*84*

10　不飽和結合における求電子反応Ⅱ：芳香族求電子置換反応　……………　85

  10.1　求電子付加と付加−脱離による置換
      85
  10.2　芳香族求電子置換反応の種類
      86
  10.3　置換ベンゼンの反応　*88*
    10.3.1　ベンゼニウムイオンの安定性　*88*

    10.3.2　置換基の分類　*90*
  10.4　フェノールとアニリンの反応
      92

> コラム　sp^2 炭素同素体：グラファイトと
> 　　　　フラーレン　*94*

11　不飽和結合における求核反応　………………………………………………　95

  11.1　カルボニル基における求核付加と
       求核置換　*95*
  11.2　カルボニル基への水とアルコール
       の求核付加　*96*
    11.2.1　水和反応の平衡　*96*
    11.2.2　反応機構　*97*
  11.3　エステルの生成と加水分解　*100*
    11.3.1　酸性条件における反応　*100*
    11.3.2　塩基性条件における反応　*100*
  11.4　カルボン酸誘導体の反応性　*101*
  11.5　アミンとの反応：イミンとエナミ

      ン　*101*
  11.6　α,β-不飽和カルボニル化合物へ
       の共役付加　*102*
  11.7　芳香族求核置換反応　*103*
    11.7.1　共役付加−脱離機構　*103*
    11.7.2　芳香族求核付加−脱離機構　*103*

> コラム　シアノヒドリン生成反応と自然界
> 　　　　にみられるシアノヒドリン
> 　　　　*98*
> 　　　　PET とナイロン　*104*

12　カルボニル基のヒドリド還元と有機金属付加反応および
    有機合成計画　………………………………………………………………　105

  12.1　ヒドリド還元　*106*
    12.1.1　金属水素化物　*106*

    12.1.2　炭素からのヒドリド移動　*107*
  12.2　有機金属化合物　*108*

12.2.1　グリニャール反応　*108*
12.2.2　α,β-不飽和カルボニル化合物への付加　*109*
12.3　有機合成計画　*110*
12.3.1　逆合成解析　*111*
12.3.2　保護基の利用　*113*

コラム　瞬間接着剤の医療への応用と溶ける糸　*110*
　　　　　ビニル重合　*114*

13　エノラートの反応　　*115*

13.1　エノール化　*115*
13.1.1　エノール化の平衡　*115*
13.1.2　エノール化の反応機構　*116*
13.1.3　エノールまたはエノラートを経て起こる反応　*117*
13.2　アルドール反応　*119*
13.3　クライゼン縮合　*119*
13.4　エノラートのアルキル化　*121*
13.4.1　1,3-ジカルボニル化合物のエノラートイオン　*121*
13.4.2　リチウムエノラート　*122*
13.4.3　エノラート等価体　*122*
13.5　エノラートの共役付加　*123*

コラム　ボロディン：作曲家・化学者　*118*
　　　　　生体内のクライゼン縮合　*124*

14　生体物質の化学　　*125*

14.1　炭水化物と核酸　*125*
14.1.1　単糖類　*125*
14.1.2　二糖類と多糖類　*127*
14.1.3　ヌクレオシド，ヌクレオチドと核酸　*128*
14.2　アミノ酸とタンパク質　*130*
14.2.1　アミノ酸　*130*
14.2.2　ペプチド　*130*
14.2.3　タンパク質　*132*
14.3　脂　質　*132*
14.3.1　油　脂　*133*
14.3.2　リン脂質　*133*
14.3.3　テルペンとステロイド　*134*
14.3.4　エイコサノイド　*135*

コラム　トレハロース　*127*
　　　　　ミセル　*134*
　　　　　スクアレンからステロイドの生合成　*136*

索　引　*137*

『問題解答』は丸善出版のウェブサイト "有機化学 *plus on web*"（http://pub.maruzen.co.jp/book_magazine/yuki/web/）でみることができる．このウェブサイトには "奥山　格 監修，有機化学" に関連する事項もあるので参考にしていただきたい．

1
chapter

有機分子のなりたち

有機化合物は炭素の化合物であり,炭素原子の特性が有機化合物の多様性を生み出し,有機化学の世界をつくっている.分子をつくり上げる結合は,原子の間で電子を共有することによってでき,電子の振る舞いが有機分子の性質を決めている.

1.1 原子の性質を決める電子

1.1.1 原子の電子配置

原子は原子核と電子からなる.電子は原子核の周りの電子殻とよばれる空間に存在する.電子殻には原子軌道があり,一つの軌道に2電子まで収容できる[*1].

軌道は,一定のエネルギー状態の電子が存在できる空間領域であり,その形は,量子力学によって電子の存在確率を示す数学関数(波動関数)で表される.s軌道は球状であり,p軌道は二つの球が接した形になっている(図1.1).p軌道の二つの球状部分はローブとよばれ,波動関数の符号が異なる(異なる色で表している).二つのローブが接する面は節または節面とよばれ,電子は存在しない.

[*1] パウリ(Pauli)の排他原理に従って,同じ軌道に2電子入るときにはスピンの向きが逆になる.

"軌道"の英語はorbitalだが,これはもともとorbit(惑星の軌道)の形容詞で,"軌道のようなもの"という意味だ.すなわち,化学用語の"軌道"は,惑星の軌道とは違って,電子の存在する三次元空間領域を表す.

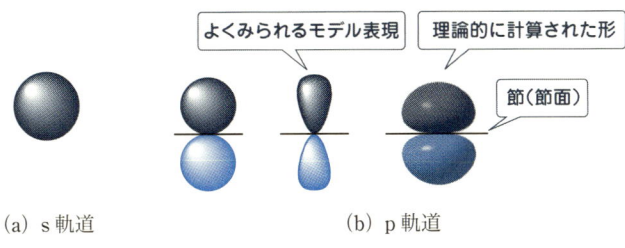

(a) s軌道　　(b) p軌道

図 1.1 s軌道とp軌道の形

表 1.1　原子の価電子数と基底状態電子配置

族番号	1	2	13	14	15	16	17	18
価電子数	1	2	3	4	5	6	7	8
第一周期	$_1$H $1s^1$							$_2$He $1s^2$
第二周期	$_3$Li [He]$2s^1$	$_4$Be [He]$2s^2$	$_5$B [He]$2s^2 2p^1$	$_6$C [He]$2s^2 2p^2$	$_7$N [He]$2s^2 2p^3$	$_8$O [He]$2s^2 2p^4$	$_9$F [He]$2s^2 2p^5$	$_{10}$Ne [He]$2s^2 2p^6$
第三周期	$_{11}$Na [Ne]$3s^1$	$_{12}$Mg [Ne]$3s^2$	$_{13}$Al [Ne]$3s^2 3p^1$	$_{14}$Si [Ne]$3s^2 3p^2$	$_{15}$P [Ne]$3s^2 3p^3$	$_{16}$S [Ne]$3s^2 3p^4$	$_{17}$Cl [Ne]$3s^2 3p^5$	$_{18}$Ar [Ne]$3s^2 3p^6$

元素記号には原子番号をつけてある．第二周期と第三周期の元素については，完全に満たされた内殻を希ガス元素の記号で[He]あるいは[Ne]で表している．

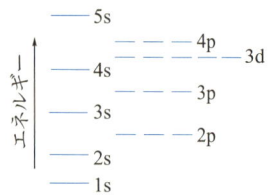

図 1.2　原子軌道のエネルギー準位
d 軌道は次の s 軌道よりも（たとえば，3d は 4s よりも）エネルギーが高いことに注意．

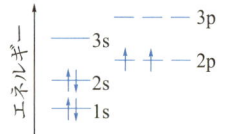

図 1.3　炭素の基底状態電子配置（$1s^2 2s^2 2p^2$）

*2　フント(Hund)の規則：縮退した軌道に電子が入るときには，できるだけスピンを平行にした電子が別の軌道に入る．

第一殻にはただ一つ 1s 軌道があり，2 電子収容できる．第二殻には，2s 軌道一つと 2p 軌道三つがあり，あわせて 8 電子まで収容できる．三つの p 軌道のエネルギー準位（エネルギーの高さ）は等しく，互いに直交しているので p_x, p_y, p_z と区別する．同じエネルギー準位にある軌道は，縮退（縮重ともいう）しているという．

第三殻には，3s 軌道 1 個，3p 軌道 3 個，3d 軌道 5 個があり，18 電子まで収容できる．原子軌道のエネルギー準位は，図 1.2 に示すように，この順に高くなり，電子はエネルギー準位の低い軌道から順に入っていく．

原子の電子配置は，電子がどの軌道に入っているかを示すもので，最も安定な（エネルギーの低い）電子配置を基底状態電子配置という．たとえば，炭素原子の電子 6 個は，1s に 2 個，2s に 2 個，2p 軌道に 2 個入っている（図 1.3）ので，軌道の記号に電子数を示す添字をつけて $1s^2 2s^2 2p^2$ のように表す．エネルギーの等しい（縮退した）2p 軌道には，フントの規則*2 に従って，三つの軌道のうちの二つに 1 電子ずつ入っているので，$1s^2 2s^2 2p_x^1 2p_y^1$ と表すこともできる．表 1.1 の簡略化した周期表に代表的な原子の基底状態電子配置を示した．

原子と元素，分子と化合物そして物質

よく似た言葉がある．原子(atom)は 1 個ずつの粒子である原子を表しており，元素(element)は原子の種類を表す，いわば集合名詞である．

分子(molecule)と化合物(compound)の関係もよく似ており，分子は，共有結合でつながってできている原子の集団であり，個別の分子をさしていう．化合物は分子の種類を表し，一定の原子組成をもつ塩も含めて化合物という．

物質(material)は，分子あるいは原子の集合体として，その集団に特有の物理的化学的性質を示すものをさしていう．

1.1.2 価電子と原子のルイス表記

表1.1をみるとわかるように，第二周期の元素では，第一殻が完全に満たされており，第二殻の軌道に順々に電子が満たされていく．第三周期の元素は第二殻まで完全に満たされており，第三殻に電子が入っていく．これらの最外殻(原子価殻)の電子を原子価電子あるいはたんに価電子という．価電子は化学結合の形成や化学反応に関係しており，元素の物理的性質や化学的性質を決めているといってよい．

このような価電子の重要性から，元素記号の周りに価電子の数だけ点をつけて原子を表す表記法(ルイス表記[*3] という)がある．たとえば，炭素とフッ素原子は次のように表される．

$$\cdot \ddot{C}: \qquad :\ddot{F}:$$

炭素の4個の点は2s軌道の電子2個と$2p_x$と$2p_y$軌道の電子1個ずつに相当する．フッ素には2s電子2個と2p電子5個が価電子として7個の点で示される．第二周期の元素の価電子数は最大8である．

> **問題 1.1**
> 次の原子をルイス表記で表せ．
> (a) N (b) O (c) B (d) Cl (e) Ne

[*3] ルイス表記は，1910年代に米国の化学者G.N. Lewis(1875～1946)によって提案された．

1.2 電子は対になる

1.2.1 イオンの生成

原子の最外殻のs軌道とp軌道が8電子で完全に満たされた状態は，化学的に安定である．ヘリウムやネオンなどの貴ガス(18族)元素の電子配置がこれにあたり，これらの元素は不活性ガスともよばれる．このことに気づいたLewisは，原子は互いに電子を与えたり，受け取ったり，あるいは共有することによって対をつくり，8電子(オクテット)で満たされた最外殻を達成する傾向があることを指摘した(1919年)．この理論はオクテット則とよばれ，それに基づいてイオンの生成や共有結合の形成が説明された．

周期表の第1族や第2族の原子は，価電子を1個あるいは2個失って，満たされた内殻が最外殻になり，オクテットを満たしたカチオン(陽イオン)になる．一方，第17族や第16族原子は電子を1個か2個受け取ってアニオン(陰イオン)になり，オクテットを達成する．たとえば，NaからFに1電子移動すると，NaはNa$^+$になってNeと同じ電子配置になり，FはF$^-$になって，これもNeと同じ電子配置になる．

$$\begin{array}{ccc}
\text{Na} & \xrightarrow{-e^-} & \text{Na}^+ \\
([\text{Ne}]3s^1) & & ([\text{He}]2s^2 2p^6) \\
\text{F} & \xrightarrow{e^-} & \text{F}^- \\
([\text{He}]2s^2 2p^5) & & ([\text{He}]2s^2 2p^6)
\end{array}$$

$$\text{Na·} + \text{·}\ddot{\text{F}}\text{:} \longrightarrow \text{Na}^+ \; \text{:}\ddot{\text{F}}\text{:}^-$$

このようにして生成したイオンは，固体状態では静電引力で結晶を形成している．このイオン間の結合を**イオン結合**という．

> **問題 1.2**
> 次のイオンの基底状態電子配置を示せ．
> (a) Li^+　　(b) Mg^{2+}　　(c) Cl^-　　(d) O^{2-}

周期表の左のほうの元素は電子を失ってカチオンになりやすく，右のほうの元素は電子を受け入れてアニオンになりやすい．このような元素の傾向を，電気的に陽性あるいは陰性という．その程度を表すパラメーターとして**電気陰性度**がある．

最も広く用いられている電気陰性度は，1930 年代に米国の化学者 Linus Pauling（ポーリング：1901 〜 1994）によって提案されたものである．表 1.2 には，その後改良された数値を示した．原子の電気的陽性と陰性は，イオン化エネルギー（またはイオン化ポテンシャル）IP と電子親和力 EA からもわかる．IP は，原子から電子を 1 個取り去ってカチオンにするために要するエネルギーで，小さいほど電気的に陽性だ．一方，EA は原子に電子を 1 個付加してアニオンを生成するときに放出されるエネルギーで，大きいほど電気的に陰性だ．

表 1.2　電気陰性度

族 1	2	13	14	15	16	17
H 2.20						
Li 0.98	Be 1.57	B 2.04	C 2.55	N 3.04	O 3.44	F 3.98
Na 0.93	Mg 1.31	Al 1.61	Si 1.90	P 2.19	S 2.58	Cl 3.16
K 0.82	Ca 1.00					Br 2.96
						I 2.66

表 1.2 に示すように，最も電気陰性度の大きいのは F であり，周期表の同じ周期では左から右にいくほど，同じ族では下から上にいくほど数値が大きくなる．これは，左から右にいくに従って原子核の正電荷が大きくなり，価電子を強く引きつけているからだ．一方，下から上にいくに従って，原子核と価電子の間の距離が小さくなるために，静電引力が強くなり，価電子が原子核に強く引きつけられるからだ．

1.2.2　共有結合の形成

上でみたように，電気的に陽性な原子と陰性な原子は，電気陰性度の差が十分あれば，電子をやり取りしてカチオンとアニオンになる．しかし，電気陰性度の差が小さいときには，2 原子が互いに電子を共有して原子価殻を満たし合うこともできる．すなわち，2 原子間で価電子が対になって結合をつくる．このような結合を**共有結合**といい，共有される

電気陰性度の差が十分大きいときには，電子が電気陰性な原子のほうに完全に移りイオンになる．電気陰性度の差が 1.8 程度以上あると，イオンを生成すると考えられているが，その境界は明瞭ではない．

2電子を共有電子対あるいは結合電子対という．

原子価殻を満たすために，一つの原子が複数の原子と電子対を共有することも多い．次に示す例では，共有結合をつくっている原子を円で囲んで，共有電子対を含めて価電子が8個あることを示している．水素は例外で，2電子で第一殻が満たされる．

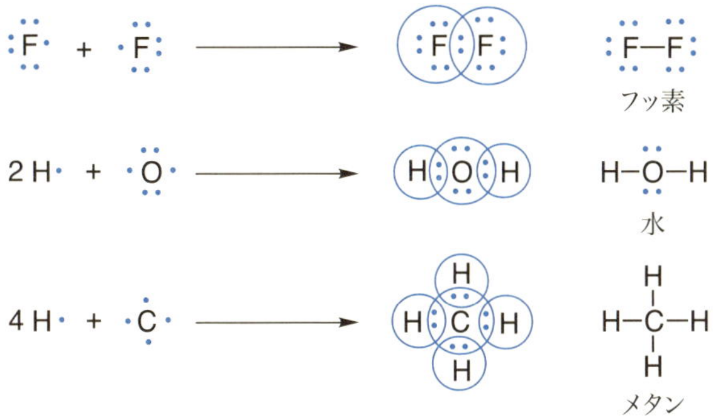

フッ素

水

メタン

このようにして原子から分子が形成される．上式の右に示したように，共有結合は一般的に線で表し，結合に関与していない電子対（非共有電子対）は二つの点で表す．

1.2.3 結合の極性と双極子

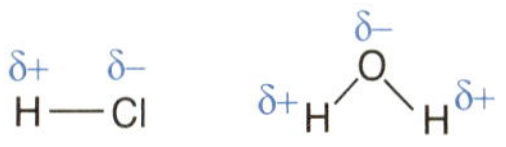

結合をつくっている二つの原子が異なるときには，結合電子対が電気陰性度の大きい原子のほうに引きつけられ，偏るので，電気的に陰性な原子はわずかに負電荷を帯び，電気的に陽性な原子はわずかに正電荷を帯びる．このような結合は極性結合とよばれ，結合は分極しているという．部分電荷はδ−あるいはδ+の記号で表す．

結合や分子において正電荷と負電荷の中心が一致しないとき，双極子をもつといい，その大きさを双極子モーメントμ（μは電荷の大きさeと電荷間の距離dの積）で表す．したがって，分極の大きさは結合の双極子モーメント（結合モーメント）で表される．双極子は，負電荷のほうに先を向けた矢印で示し，矢印のもと（正電荷側）には短い線を入れて+（プラス）符号のようにする．

分子の双極子は結合双極子のベクトル和になる．分子全体として双極子をもつ分子は極性分子である．CO_2のように結合モーメントが打ち消し合って，極性結合があっても分子としては極性をもたない例もある．

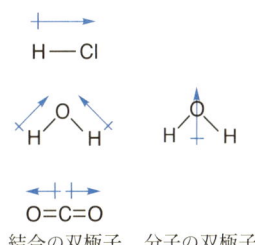

結合の双極子　分子の双極子

> **問題 1.3**
>
> 次の共有結合の分極を部分電荷で示し，さらに双極子の矢印を書け．
> (a) C−O　(b) C−Cl　(c) C−B　(d) N−H

例題 1.1

1,2-ジクロロエテンのシス異性体は双極子をもつが，トランス異性体は双極子をもたない．この事実を説明せよ．

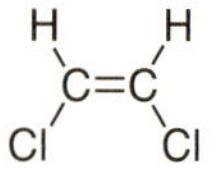

cis-1,2-ジクロロエテン 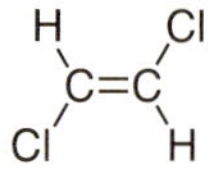　　　*trans*-1,2-ジクロロエテン

解答　いずれも C−Cl 結合が大きい双極子をもつ．シス体では二つの結合モーメントのベクトル和として下図（左）のような双極子をもっているが，トランス体では C−Cl 結合モーメントが平行で逆向きになっているので互いに打ち消し合い，分子全体としては双極子をもたない．

問題 1.4

次の化合物のうち双極子をもつものを選び，矢印で分子の双極子を示せ．

(a) CCl_4　(b) 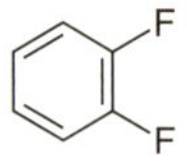　(c) 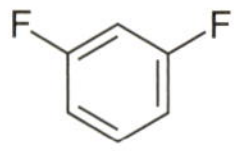　(d)

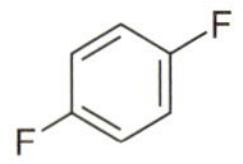

1.3　ルイス構造式

価電子を点で示す原子の書き方をルイス表記といい，その表記法で表した分子の例もすでにいくつかみた．このように，価電子を点で示した分子やイオンの構造式を**ルイス構造式**という．しかし，すべての価電子を点で示すと，煩雑でみにくく書きにくい．そこで，結合電子対を 1 本の線で表し，非共有電子対（および不対電子）だけを点で示すことが多い．本書でも，この書き方でルイス構造式を書くことにする．

ルイス構造式の例

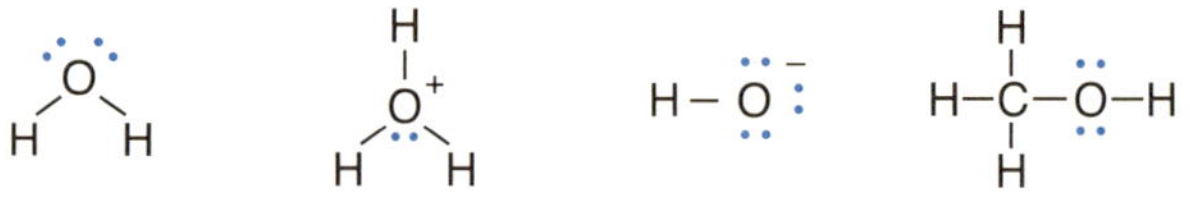

水　　オキソニウムカチオン　　ヒドロキシドアニオン　　メタノール

価電子の動きで反応を表すことができるので，有機化学を学ぶためには，**ルイス構造式を正しく書けることがとくに重要だ**．安定な分子やイオンにおいては，電子がすべて対になり[*4]，しかも大多数の原子はオクテットを満たしている．電子対は**結合電子対**か**非共有電子対**[*5]だ．

ここで，H_2O，H_3O^+，HO^- を例にとって，ルイス構造式の書き方を

[*4]　対になっていない電子，すなわち**不対電子**をもっている化学種は**ラジカル**とよばれ不安定だ．

[*5]　孤立電子対あるいは非結合性電子対ともいう．

まとめておく．

（1）まず，各原子の価電子数を正しく認識しておくことが重要だ．表1.3に有機化学によく出てくる原子の価電子数と中性分子，カチオン，およびアニオンにおける通常の結合数と非共有電子対の数をまとめる．

表 1.3 原子の価電子数および通常の結合数と非共有電子対の数

原子（族番号）	価電子数	分子中の結合数 / 非共有電子対		
		中性[a]	カチオン[a]	アニオン[a]
H (1)	1	1 / 0	(0 / 0)	(0 / 1)
B, Al (13)	3	3 / 0	—	4 / 0
C, Si (14)	4	4 / 0	3 / 0	3 / 1
N, P (15)	5	3 / 1	4 / 0	2 / 2
O, S (16)	6	2 / 2	3 / 1	1 / 3
F, Cl, Br, I (17)	7	1 / 3	2 / 2	0 / 4

[a] それぞれの原子の形式電荷が0または±1の場合．

（2）各原子に価電子数だけ電子の点をつけ，分子骨格に従って並べる．ただし，カチオンは1電子少なくし，アニオンは1電子余分に加える．

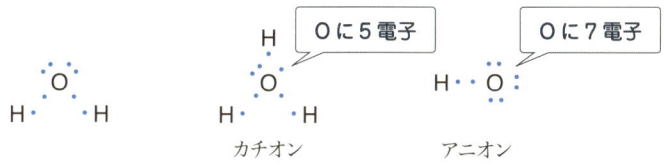

（3）電子を対にして結合をつくり，原子を線で結ぶ．必要な場合には二重結合と三重結合を書く．

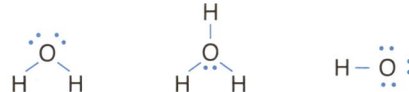

（4）すべての原子がオクテットを超えていないことを確かめる．できるだけ多くの原子がオクテットになっているものが安定だ．ただし，Hは2電子で満たされ，6電子しかない原子はルイス酸になる(4.5節参照)．第三周期以降の原子(SやPなど)はオクテットを超えてもよい．

（5）**形式電荷**を決めて，必要に応じて＋または－の符号をつける．

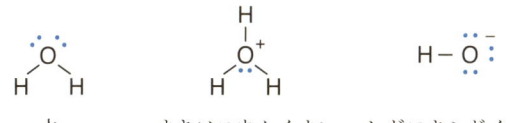

Oの形式電荷： $6-(4+2)=0$　　$6-(2+3)=+1$　　$6-(6+1)=-1$

形式電荷は次式で計算できる．

形式電荷＝中性原子の価電子数－(非共有電子数＋結合電子数の1/2)

Oはいずれもオクテットになっている．オキソニウム酸素は非共有電子対からの2電子と3本の共有結合から1個ずつ3電子，あわせて5電子を受けもっているので，価電子数6より1小さい．ヒドロキシド酸素は3組の非共有電子対からの6電子に加えて結合電子対から1電子受けもっているので合計7電子となるので，価電子数より1大きい．

| 例題 1.2 | 次の分子のルイス構造式を書け.
(a) NH₃ (b) BH₃ (c) H₃COCH₃(ジメチルエーテル) |

解答 (b) Bの価電子は3個であり，3本の結合しかつくれないのでBのまわりには6電子しかない．

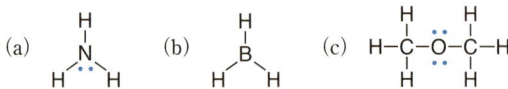

| 問題 1.5 |

次の分子またはイオンのルイス構造式を書け．
(a) CH₃Cl(クロロメタン) (b) H₂C=O(メタナール) (c) BF₃
(d) NH₄⁺

ニトロメタン(CH_3NO_2)のルイス構造式は，少し難しい．メチル基はニトロ基のNに結合し，分子骨格は次のようになっている．単結合でつなぐと，二つのOは7電子で不対電子をもった形になる．

二つのOの間に結合をつくりAの構造にすると三員環ができ，オクテットは達成できるが，三員環はひずみが大きい．Nの非共有電子対とOの不対電子を使ってN=O二重結合を二つつくるとBの構造になるが，Nは10電子受けもつことになり，これは不可能だ．1aのように一方のN–Oだけを二重結合にし，Nの電子を1個もう一つのOに渡して電子対をつくるとすべてのOとNがオクテットになる．Nに+，Oに−の形式電荷をもつ電荷分離した構造になるが，これが合理的なルイス構造式だ．二つのOは，どちらが二重結合になってもよいので，1bの構造でもよい．

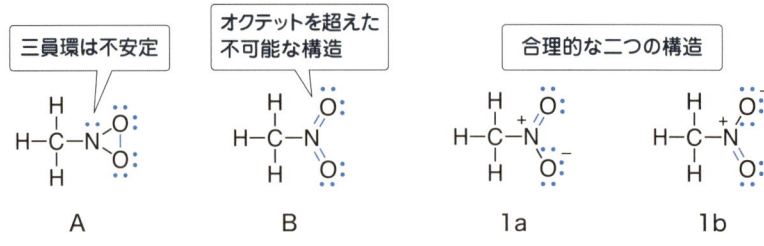

> **問題 1.6**
> 硝酸(HONO₂)のルイス構造式を書け．

1.4 共 鳴 法

　上でみたようにニトロメタンには合理的なルイス構造式が二つ書ける．しかし，実際のニトロメタンの二つのOは等価で，単一のルイス構造式では適切に表すことができない．ニトロメタンの構造は，**1a**と**1b**の中間的な構造で，点線を使って**1c**のように表すこともできる．<u>共鳴法</u>では，二つのルイス構造式**1a**と**1b**を双頭の矢印(⟷)で結んで，その平均的な構造(共鳴混成体)であることを示す．

> 共鳴法は Pauling によって 1930 年代に提案された．共鳴寄与式は，共鳴構造式あるいは極限構造式ともいわれる．

1a　　　　　**1b**　　　　　**1c**

　それぞれのルイス構造式は<u>共鳴寄与式</u>といわれ，<u>仮想的な構造にすぎない</u>．実際の分子構造は，それらの<u>共鳴混成体</u>として表される．
　酢酸アニオン($CH_3CO_2^-$)にも等価なルイス構造式**2a**と**2b**が二つ書け，実際の構造は**2a**と**2b**の共鳴混成体として表される．酢酸アニオンは，実際に二つのルイス構造式の中間的な構造をもち，二つのC-O結合は等価で単結合と二重結合の中間なので，**2c**のように表すこともできる．

2a　　　　　**2b**　　　　　**2c**

　共鳴寄与式では，全価電子数が保たれ，原子の配置も変化しない．すなわち，電子対の位置が異なるだけであり，その違いを巻矢印で示すことができる．共鳴寄与式間で位置の変化している電子対(酢酸アニオンの場合には二重結合の結合電子対1組と酸素上の非共有電子対1組)は，その範囲(O-C-O)で非局在化していることを示している．このように非局在化した電子をもつ分子構造は，単一のルイス構造式では表せないのだ．電子の非局在化については2章で述べるが，共鳴法は<u>電子の非局在化をルイス構造式で表す方法</u>であるともいえる．このような電子の非局在化は，分子を安定化するので，その安定化を<u>共鳴安定化</u>とも

> 共鳴法で表した分子は，共鳴寄与式の構造の間で変化しているのではなく，単一の非局在化した構造(共鳴混成体)をもっており，平衡状態にあるのではない．平衡は2本の矢印(⇌)で示すので，共鳴の矢印(⟷)と区別すること．

次のイオンを共鳴法で表せ．
 (a) CO_3^{2-} (b) $CH_3OCH_2^+$

放射性炭素同位体による年代測定

　元素の種類は原子核の陽子の数(原子番号)で決まるが，中性子の数によって異なる質量をもつ元素，同位体，が存在する．炭素の原子核は陽子を 6 個もち，通常の炭素は中性子を 6 個もつので合わせて質量数 12 なので ^{12}C と表す．炭素の同位体として中性子 7 個の ^{13}C が約 1.106% の割合で存在する．天然にはごく微量(10^{-10}% 程度)の ^{14}C も存在する．^{14}C は大気上層で宇宙線に含まれる中性子と窒素 ^{14}N との核反応で生成し，ただちに酸素と結合して $^{14}CO_2$ になる．

$$n + {}^{14}N \longrightarrow {}^{14}C + {}^{1}H$$

^{14}C は，放射性同位元素であり，半減期約 5730 年で β 線(電子)を放出して壊変し ^{14}N に戻るが，大気中ではその生成と壊変がほぼバランスしているので CO_2 に含まれる ^{14}C も一定量になっている．光合成で CO_2 をつねに取り込んでいる植物の ^{14}C 含量も一定である．しかし，植物が死んでしまうと固定された炭素に含まれる ^{14}C は，5730 年ごとに 1/2 になっていく．古代の木製品や木造建築は，^{14}C 含量から原料の樹木が伐採された年代を計算することができる．また，光合成によって固定された炭素は，植物だけでなく，食物連鎖によって動物にも伝わっていくので，いろいろな生物の遺体の年代測定が可能になる．

2

chapter

分子のかたちと電子の広がり

　分子は三次元の形をもっており，結合の軌道モデルで説明できる．原子軌道の重なりで分子軌道をつくり，結合をつくる．そして，分子軌道の形が分子の形（三次元構造）を決める．不飽和結合をもつ分子では，分子軌道が分子全体に広がって電子が非局在化し，化合物の性質に大きく影響する．このような分子についても学ぶ．

2.1　共有結合の軌道モデル：水素分子の結合

　水素原子は，1s原子軌道に電子を1個だけもつ．二つのH原子が互いに近づくと，これらの2電子を共有してH–H共有結合をつくる．

$$H\cdot + \cdot H \longrightarrow H\text{–}H$$

　このとき1s軌道はどうなるのか？　二つの軌道が相互作用すると，H_2分子全体に広がった新しい軌道(分子軌道)が二つできる(図2.1)．一つはもとの軌道よりも低エネルギーになり，もう一つは高エネルギーになる．エネルギーの低い（安定な）軌道に2電子が入り，結合エネルギーを生み出す．この軌道は結合性分子軌道とよばれ，高エネルギーの軌道は反結合性分子軌道とよばれる．

　1.1節で軌道の形は波動関数で表されると述べたが，結合性軌道は二つの原子軌道の和として表され(同位相で相互作用するという)，その形は図2.1に示したようになる．一方，反結合性軌道は二つの原子軌道の差として表され(逆位相で相互作用するという)，図2.1に示したように軌道は二つのローブにわかれ，中間に節面をもつ．

2電子入っている軌道は被占軌道，電子の入っていない軌道は空軌道，1電子だけ入っている軌道は半占軌道とよばれる．反結合性軌道に電子が入れば，分子は不安定になる．

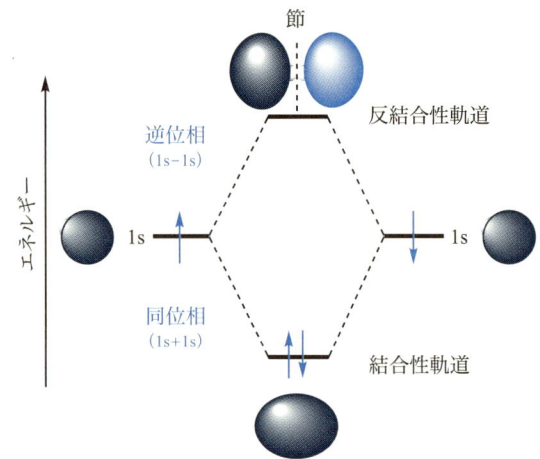

図 2.1 水素分子の分子軌道

2.2 炭素の結合

炭素原子の基底状態電子配置は$[He]2s^2 2p_x^1 2p_y^1$で，価電子のうち2電子は対になって2s軌道に入っているので，ほかの原子の電子と対をつくれるのは，2p軌道の2電子だけのようにみえる．しかし，CはメタンCH$_4$のように4本の結合をもつ．これはどのように理解したらよいのか？

2.2.1 メタンの結合：sp^{3}混成軌道

メタンの四つのC–H結合はすべて等価で，三次元空間に広がっている．結合には電子対があり，電子密度の高い領域をつくって互いに反発するので，できるだけ遠ざかった状態になるのが望ましい[*1]．その結果，炭素を中心にしてC–H結合が放射状に広がった形になる．すなわち，Hが正四面体の頂点に位置する正四面体形になる（図2.2）．

[*1] この考え方は，原子価殻電子対反発（valence-shell electron-pair repulsion：VSEPR）モデルとよばれる．

三次元表記では，くさび形の結合は手前に出ていることを示し，点線のくさびは後方に向かう結合を表す．C–H結合の長さは110 pm［1 pm（ピコメートル）＝10^{-12} m］であり，1.1Å［1Å（オングストローム）＝10^{-10} m］と表すことも多い．

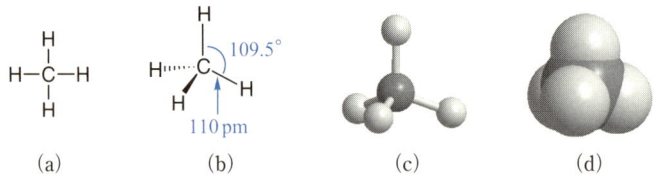

図 2.2 メタンの分子構造
(a) ルイス構造式　(b) 三次元表記　(c) 球棒分子模型　(d) 空間充填分子模型

H–C–Hの結合角は109.5°であり，メタンの構造は図2.2(b)のように表される．原子を球で表し，棒で表した結合でつないで分子模型をつくることもできる（図2.2(c)）．また，電子の広がりまで考慮してつくった空間充填分子模型（図2.2(d)）で表すこともできる．

2.2 炭素の結合

メタンの正四面体形の結合は，どのような軌道でつくられているのか？ 炭素の結合が等価なのだから，その原子軌道も四つの等価な形になっているはずだ．これは混成軌道の考え方に基づいて説明される．

炭素原子の原子価殻には，もともと 2s と 2p の原子軌道がある．メタンの C の等価な四つの原子軌道は，もとの 2s 軌道と三つの 2p 軌道がまじりあって（混成して）できていると考える．四つの軌道からは，新しい軌道が四つできる（図 2.3）．それらは sp^3 混成軌道とよばれ，いずれも同じエネルギー準位にあり，同じ形をしている（方向は異なる）．

混成軌道の考え方は Pauling によって 1931 年に提案された．

理論的に計算された sp^3 混成軌道の形

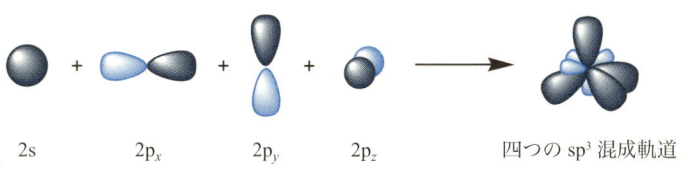

2s　　2p_x　　2p_y　　2p_z　　四つの sp^3 混成軌道

図 2.3 模式的に表した sp^3 混成軌道の形成
2s 軌道と三つの 2p 軌道が混成する．

すなわち，メタンの C–H 結合は C の sp^3 混成軌道と H の 1s 軌道の重なりでできている（図 2.4）．二つの軌道の重なりで二つの軌道，結合性軌道と反結合性軌道ができる．これらの軌道は C–H 結合軸に関して対称で，結合まわりで回転しても軌道の重なりが変化しないのが特徴だ．結合性 σ 軌道に 2 電子入って C–H 結合をつくる．この結合は σ (シグマ) 結合とよばれる．

結合軸に関して対称な分子軌道を一般的に σ (シグマ) 軌道といい，その軌道を使ってできる結合を σ 結合という．さらに，結合性軌道を σ で，反結合性軌道を σ* (シグマスター) で区別する．

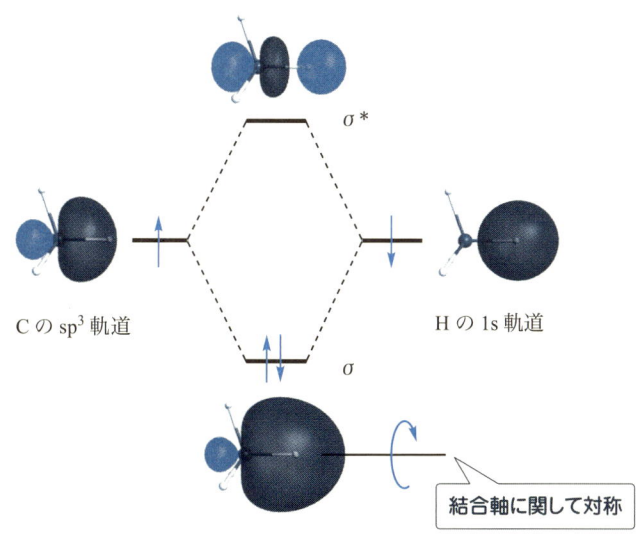

図 2.4 メタンの C–H 結合の分子軌道

エタンの分子構造

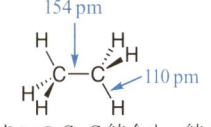

エタンの C–C 結合も σ 結合であり，結合まわりの回転が可能だ．

問題 2.1
エタンの C–C 結合と C–H 結合に関与している原子軌道は何か．

2.2.2 エテンの結合：π（パイ）結合

エテンの分子構造

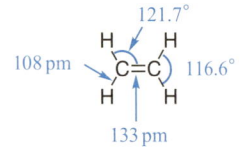

エテンの分子模型

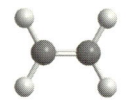

エテン（エチレン）の一つの炭素原子に注目すると，2本のC−H結合に加えてC=C二重結合が出ている．これらは三つの電子密度の高い領域を形成しているので，静電反発を小さくように広がれば（VSEPRモデル），一つの平面内で120°の角度になる．すなわち，平面三方形になる．このように炭素が2個つながって，エテンは平面構造をつくる．

この平面三方形の結合をつくる炭素の原子軌道はどう考えればよいのか？ 答えはsp^2混成軌道だ．2s軌道一つと2p軌道二つがまじりあって等価な混成軌道が三つできると，それらは同一平面内で120°の角度をなす．二つのp軌道が$2p_x$と$2p_y$ならば，sp^2混成軌道はxy平面上にあり，もう一つこの面に垂直な$2p_z$軌道が混成しないで残っているはずだ．三つのsp^2混成軌道はC−H結合2本とC−C単結合をつくり，残っていた$2p_z$軌道が，互いに横から重なりあってもう一つC−C結合（π結合）をつくる（図2.5）．すなわち，エテンのC=C結合はσ結合とπ結合からなる．

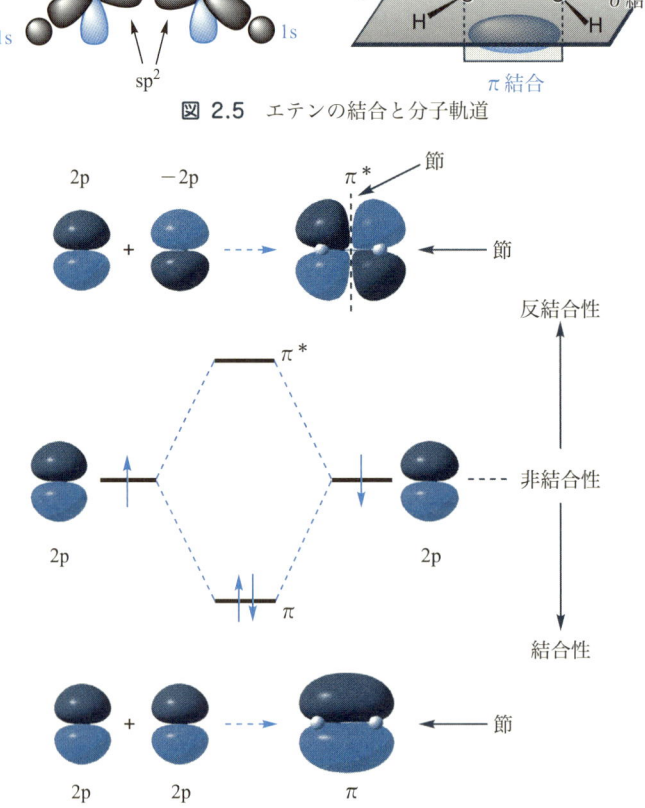

図 2.5 エテンの結合と分子軌道

図 2.6 エテンのπ分子軌道

2p$_z$ どうしの重なりでできる二つの分子軌道は，結合性 π 軌道と反結合性 π* 軌道で，図 2.6 に示すような形になる．これらの軌道は，分子平面を節としてその上下に対称に広がっている．このような軌道を **π（パイ）軌道** とよび，この軌道によってできる結合は **π 結合** とよばれる．π 結合の特徴は，結合まわりの回転によって原子軌道の重なりがなくなる，すなわち結合が切れるということであり，二重結合まわりの回転は起こらないといってよい．

> **問題 2.2**
> ホルムアルデヒド（H$_2$C＝O）の分子軌道を説明せよ．

2.2.3 エチンの結合

エチン（アセチレン）の一つの炭素原子は，C−H 結合と C−C 三重結合をもち，これらは二つの電子密度の高い領域を形成している．その結果，C の結合は直線状になっている．直線状の 2 本の結合は，**sp 混成軌道** で説明できる．2s 軌道と 2p$_x$ 軌道が一つずつまじりあってできた sp 混成軌道二つは，x 軸方向に広がっている（図 2.7）．この軌道を使って C−H と C−C σ 結合が形成され，直線状の構造をつくる．混成しないで残った 2p$_y$ と 2p$_z$ 軌道は，それぞれ隣りの C の 2p$_y$ と 2p$_z$ 軌道と重なりあって，π 軌道（π と π*）を 2 組つくり，π 結合を二つつくる．これら二つの π 結合は互いに直交している．

エチンの分子構造

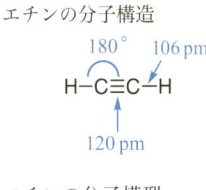

エチンの分子模型

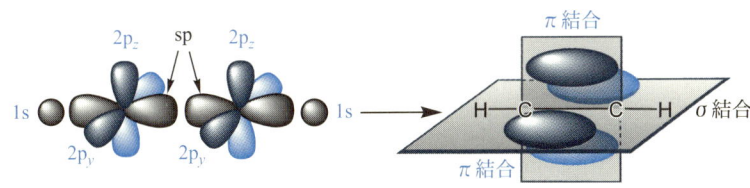

図 2.7 エチンの分子軌道

> **問題 2.3**
> 二酸化炭素の分子軌道を説明せよ．

2.2.4 混成軌道のエネルギー

s 軌道と p 軌道が 1:1，1:2，1:3 の割合でまじりあってできるのが，sp，sp^2，sp^3 の 3 種類の混成軌道だ．混成軌道の性質を表現するとき **s 性**（s 軌道の割合い）ということばが使われる．混成軌道のエネルギー準位は，s 軌道と p 軌道のエネルギーの加重平均になり，s 性が大きいほどエネルギーは低い（図 2.8）．

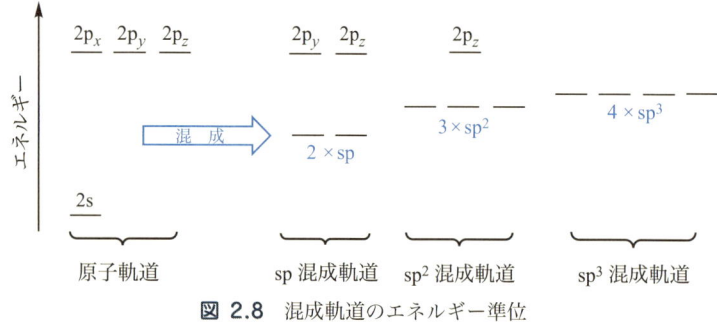

図 2.8　混成軌道のエネルギー準位

2.3　ブタジエンの結合

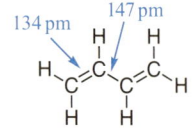

1,3-ブタジエンの分子構造

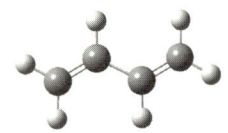

1,3-ブタジエンの分子模型

　1,3-ブタジエンは，二つの二重結合が単結合でつながった構造をもつ．このような結合は<u>共役二重結合</u>とよばれるが，その特徴は二つの隣りあった π 結合にある．四つの炭素はいずれも sp^2 混成で，$2p_z$ 軌道をもっている（図 2.9）．四つの $2p_z$ 軌道は相互作用して四つの π 分子軌道をつくる．そのうちの二つに 4 電子が入っている．その <u>π 電子</u>は一つの結合にとどまらず隣接した結合にも広がる（<u>非局在化</u>する）．これが共役結合をもつ化合物（<u>共役化合物</u>）の特徴だ．

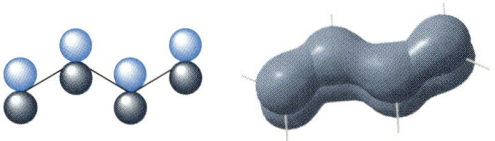

図 2.9　1,3-ブタジエンの 2p 原子軌道と π 電子系

2.4　ベンゼンの結合

ベンゼンの分子構造

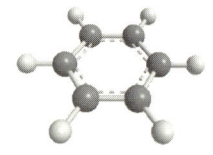

ベンゼンの分子模型

　ベンゼンは，正六角形で六つの C−C 結合の長さは等しい．通常，単結合と二重結合が交互に並んだ構造で表されるが，実際の分子構造は等価な二つの構造[*2] **1a** と **1b** の共鳴混成体である．ベンゼンの π 電子は環状に非局在化しているので **1c** のように表されることも多い．

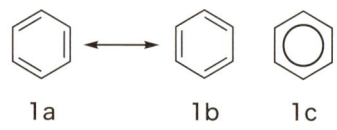

　ベンゼンの 6 個の炭素は sp^2 混成で，それぞれ 2p 軌道をもっており，重なりあって 6 個の π 分子軌道をつくる．そのうちの結合性軌道 3 個に 6 電子が入り，<u>分子全体に非局在化して分子平面の上下に環状に広がった π 電子系をつくっている</u>（図 2.10）．

[*2]　これらの構造は，最初にこの構造を提案したドイツの化学者 August Kekulé（1829〜1896）にちなんで，ケクレ構造といわれる．

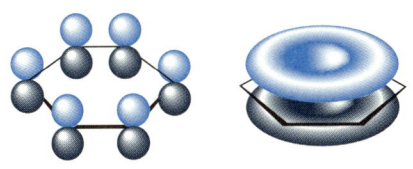

図 2.10 ベンゼンの 2p 軌道と環状 π 電子系

2.5 芳香族性

ベンゼンは 6 電子が三つの結合性軌道を完全に満たし，環状に広がっているためにとくに安定である．このような安定性は，$4n+2$ (2, 6, 10……) 個の電子が環をつくって非局在化するときに一般的に得られ，この性質は**芳香族性**といわれる[*3]．

ベンゼンは 6π 電子系芳香族の代表であり，CH が N に置き換わったヘテロ芳香族化合物もよくみられる．五員環のピロールやフランはヘテロ原子の非共有電子対を含めて 6π 電子系を形成している．10π 電子系芳香族化合物にはナフタレンやアズレンがある．

[*3] この規則を発見したドイツの物理学者 E. Hückel (1896〜1980) にちなんで，ヒュッケルの $4n+2$ 則あるいはたんに**ヒュッケル則**という．電子が非局在化するために π 電子系は平面である必要がある．また，この用語は匂いとは関係ない．

6π 電子系芳香族化合物：　　　　　　10π 電子系芳香族化合物：

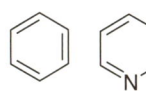 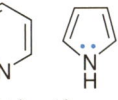 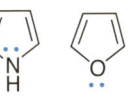 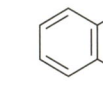　　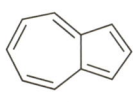

ベンゼン　ピリジン　ピロール　フラン　　　ナフタレン　　アズレン

カチオンやアニオンも，環状に $4n+2$ 個の電子が非局在化していると，芳香族性をもち安定になる．

芳香族イオン：

シクロプロペニル　　シクロペンタジエニド　　シクロヘプタトリエニル
カチオン (2π)　　　　アニオン (6π)　　　　　カチオン (6π)

心地よい芳香をもつ芳香族化合物

芳香族性は化合物の香りとは関係ない概念だが，歴史的には，植物の精油から取り出された芳香成分にベンゼン環をもつものがあった（下に例を示す）ことから，この化学用語が生まれた．

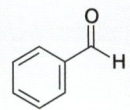　　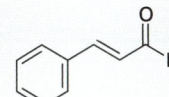　　バニリン構造　　アネトール構造　　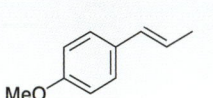

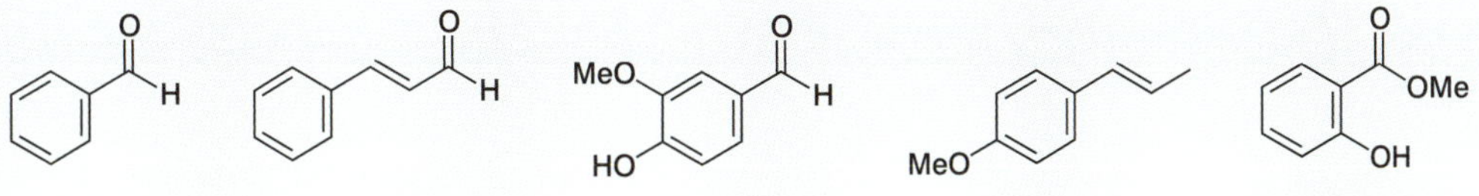

ベンズアルデヒド　シンナムアルデヒド　バニリン　　アネトール　　サリチル酸メチル
（アーモンド）　　（シナモン）　　　　（バニラ）　（アニス）　　（冬緑油）

問題 2.4

次の化合物やイオンのうち芳香族性をもつものはどれか．

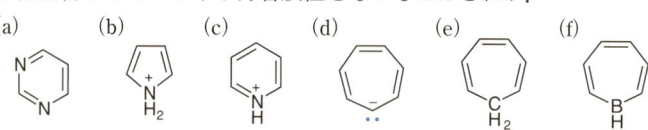

2.6 分子構造の表し方

1章で有機分子がルイス構造式で表せることを学び，本章では分子が立体的な三次元構造をもっていることを説明した．分子の構造を表すには結合を1本の線で書いて原子の並び方を示せばよいが，すべての原子と結合を書くと一般に煩雑になるので，構造がわかる範囲で簡略化した示性式や線形表記を使うことが多い．表2.1にいくつかの例を示す．

線形表記では，CとCに結合しているHをすべて省略する．線の末

表 2.1　分子構造の表記法

化合物	構造式	示性式	線形表記
ブタン butane C_4H_{10}	H-C-C-C-C-H または H₃C-CH(CH₃)-CH₃ 型構造式	$CH_3CH_2CH_2CH_3$ または $CH_3(CH_2)_2CH_3$	
メチルプロパン methylpropane C_4H_{10}	構造式	$CH_3CH(CH_3)CH_3$ または CH_3CHCH_3 CH_3	
1-ブテン but-1-ene C_4H_8	構造式	$CH_3CH_2CH=CH_2$	
エタノール ethanol C_2H_6O	構造式	CH_3CH_2OH または C_2H_5OH (EtOH)	
メトキシメタン （ジメチルエーテル） methoxymethane (dimethyl ether) C_2H_6O	構造式	CH_3OCH_3 または $(CH_3)_2O$ (MeOMe)	
メトキシベンゼン methoxybenzene C_7H_8O	構造式	$C_6H_5OCH_3$ (PhOMe)	

端と角にCがあり，Cの原子価を満たすだけHが結合しているものとする．このように簡略化すると，炭素骨格がみやすく，官能基が強調される．ただし，反応を考える場合には，反応にかかわるHを必要なだけ書き加える．長い炭素鎖は，ふつうジグザグに水平にのびた形で示す．

オレイン酸

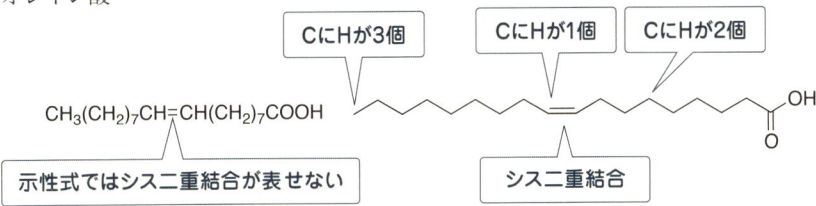

原子の三次元的な配置が問題になる場合には，実線と破線のくさび結合あるいは太い線と点線を用いて，右のような三次元式で表す．本書では，くさび結合を用いる．

三次元式によるバリン（アミノ酸）の表し方

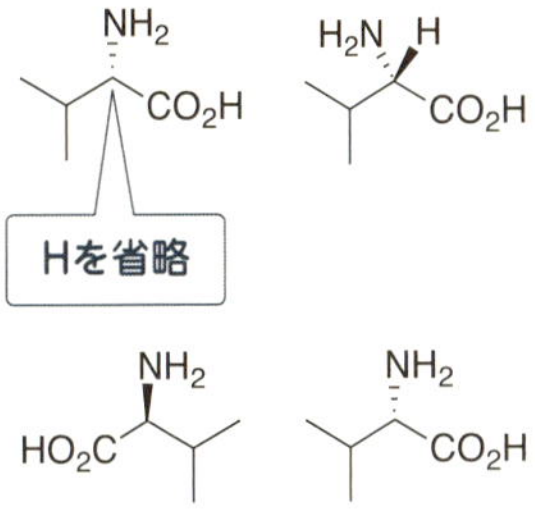

問題 2.5

次の分子の構造を線形表記で書け．
- (a) $(CH_3)_3CCH_2CH=CH_2$
- (b) $CH_3CH(CH_3)CH(OH)CH_2COCH_3$
- (c) $CH_3CH_2OCH_2COOH$
- (d) $CH_3CH(CH_2CH_3)CH_2CCl=C(CH_3)_2$

問題 2.6

次に線形表記で書いた分子を示性式で表せ．
- (a) 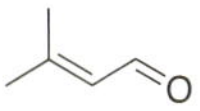
- (b) 
- (c) 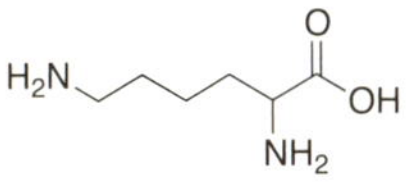
- (d)

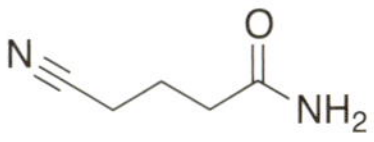

2.7 異性体

表2.1にあげた例の中で，ブタンとメチルプロパンは同じ分子式 C_4H_{10} をもちながら異なる化合物だ．このように同じ分子式で異なる化合物を異性体という．その中で原子の結合順序が異なるものを構造異性体という．エタノールとジメチルエーテルも構造異性体の例だ．

一方，結合順序まで同じで原子の三次元的な空間配置（立体化学）が異なるものを立体異性体という．その例として，アルケンの二重結合に関するものがある．アルケンの二重結合は回転できないので，その炭素に結合しているグループが異なる場合には，その結合の仕方でシスとトランスの異性体を生じる．2-ブテンを例にとると，二つのメチル基が二重結合の同じ側に結合しているのがシス異性体で，反対側に結合しているのがトランス異性体だ．立体異性体についてはさらに5章で述べる．

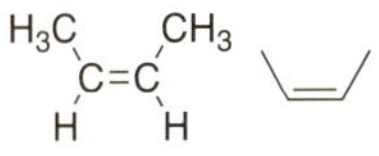

cis-2-ブテン
シス異性体

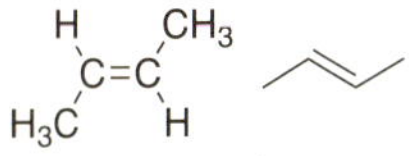

trans-2-ブテン
トランス異性体

前節で取り上げたオレイン酸はシス体である．

2-ブテンの構造異性体を線形表記で表せ．

コラム

光の吸収と色

基基底状態の分子が光のエネルギーを吸収して，電子が被占軌道から空軌道に昇位するとその分子は**励起状態**になる．吸収される光のエネルギーはちょうど被占軌道と空軌道のエネルギー差に相当するものである．光のエネルギーはその振動数に比例する．いいかえれば，波長が短いほど高エネルギーだ．可視光の波長は 400〜800 nm で，短波長側に紫外線，長波長側に赤外線がある．光の振動数 ν（ニュー）あるいは波長 λ（ラムダ）とエネルギー E には次の関係がある，h は Planck 定数 $(3.99 \times 10^{-13}\,\mathrm{kJ\,s\,mol^{-1}})$，$c$ は光速 $(3.00 \times 10^{8}\,\mathrm{m\,s^{-1}})$ である．

$$E = h\nu = hc/\lambda = 1.20 \times 10^{-4}/\lambda(\mathrm{m})\ \mathrm{kJ\,mol^{-1}} \quad \text{（波長}\lambda\text{を m 単位で表したとき）}$$

空軌道と被占軌道のエネルギー準位の差が，可視光のエネルギーに相当し，ある一定の波長の光を吸収すると，その補色がみえる．たとえば，450 nm の青色の光が吸収されると橙色がみえ，640 nm の赤色光が吸収されると青緑色がみえる．

共役化合物はその共役系が大きくなり分子軌道の数が多くなるほど，軌道のエネルギー準位は詰まってきて励起エネルギーは小さくなり，長波長の光を吸収するようになる．エテン（吸収波長 174 nm）やブタジエン（217 nm）は紫外線しか吸収しないので無色だが，共役した二重結合を 11 個もつ β-カロテンは青緑色領域 (455 nm) の光を吸収するので黄橙色にみえる．よく目にする色をもっている化合物の構造をいくつか下に示す．アントシアニンは pH によって，酸解離して色が変化する．

β-カロテン（ニンジンなどの黄橙色）

インジゴ（ジーンズの青色）

フラボノール（黄色）
（抗酸化作用をもつ植物成分）

クロロフィル（緑色）

pH ≦ 3 赤色 ⇌ pH 7〜8 紫色 ⇌ pH ≧ 11 青色

アントシアニン（花の色素）

3 chapter

いろいろな有機化合物とその性質

有機化合物は，天然物と人工物を問わず，いまやその数は一千万を超える．これらの化合物に一つずつ名前をつけて，その性質を調べることが有機化学の学問だとすると，それは途方もない作業になる．幸いなことに，有機化合物の性質を決めているのはおもに官能基とよばれる一定の原子の集まりであり，化学反応の中心になるのも官能基だ．したがって，有機化合物は，官能基に基づいて分類され，命名され，系統的に調べることができる．本章では，どのような種類の官能基があり，有機化合物がどう分類されるのかをみて，その物理的性質がどこから来るのか調べる．

単結合だけで組み立てられた化合物を飽和化合物といい，不飽和結合（二重結合と三重結合）をもつものを不飽和化合物というので，炭化水素は次のように分類できる．例とともに示した．

炭化水素
├─飽和
│ アルカン（単結合）
│ H_3C-CH_3
│   エタン
└─不飽和
   アルケン（二重結合）
    $H_2C=CH_2$
     エテン
   アルキン（三重結合）
    $HC\equiv CH$
     エチン
   アレーン（ベンゼン環）
    ⬡
     ベンゼン

3.1 炭化水素とその名称

炭素と水素だけからなる有機化合物を炭化水素という．アルカンは，一般式 C_nH_{2n+2} で表される飽和炭化水素で，石油の主成分である．C−C と C−H の単結合だけからなるので，官能基がなく，反応性も低い．そ

表 3.1 直鎖アルカンの名称と沸点

炭素数	分子式	名　称	英語名	沸点/℃	炭素数	分子式	名　称	英語名	沸点/℃
1	CH_4	メタン	methane	−167.7	8	C_8H_{18}	オクタン	octane	127.7
2	C_2H_6	エタン	ethane	−88.6	9	C_9H_{20}	ノナン	nonane	150.8
3	C_3H_8	プロパン	propane	−42.1	10	$C_{10}H_{22}$	デカン	decane	174.0
4	C_4H_{10}	ブタン	butane	−0.5	11	$C_{11}H_{24}$	ウンデカン	undecane	195.8
5	C_5H_{12}	ペンタン	pentane	36.1	12	$C_{12}H_{26}$	ドデカン	dodecane	216.3
6	C_6H_{14}	ヘキサン	hexane	68.7	20	$C_{20}H_{42}$	イコサン	icosane	343.0
7	C_7H_{16}	ヘプタン	heptane	98.4					

炭素数5のアルカン：
(構造異性体)

CH₃CH₂CH₂CH₂CH₃
ペンタン
pentane

CH₃
|
CH₃CHCH₂CH₃
2-メチルブタン
2-methylbutane

    CH₃
    |
CH₃CCH₃
    |
    CH₃
2,2-ジメチルプロパン
2,2-dimethylpropane

*1 置換基が複数ある場合には，すべての置換基をアルファベット順に並べる．また，同じものがあるときには，di-(ジ)，tri-(トリ)，tetra-(テトラ)……で数を表す．

枝分かれした化合物の中で，炭素原子はそのCに結合しているC原子の数によって第一級，第二級，第三級，第四級炭素と区別してよばれ，それぞれのCに結合したHは第一級，第二級，第三級水素とよばれる．アルコールやハロアルカンは，OH またはハロゲンが結合した炭素の級によって第一級，第二級，第三級に分類される．

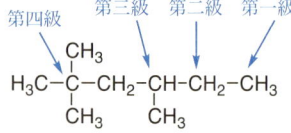

の名称は，表3.1にまとめたように，炭素数によって決められている．

表3.1には，直鎖状のアルカンとその名称を記したが，炭素数が4以上になると，構造異性体が可能になる (2.7節)．枝分かれしたアルカンは，基本の直鎖アルカンの置換体として命名する．すなわち，最も長い炭素鎖を基本鎖とし，置換基のアルキル基名を接頭語としてつける*1．位置番号は基本鎖の末端からつける．アルカンの H をとってできたアルキル基は，そのアルカン (alk*ane*) の語尾 -ane を -yl に換えて alk*yl* (アルキル) という．

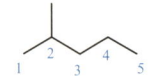
2-メチルペンタン
2-methylpentane

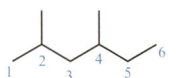
2,4-ジメチルヘキサン
2,4-dimethylhexane

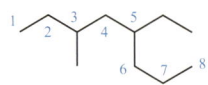
5-エチル-3-メチルオクタン
5-ethyl-3-methyloctane

アルケンは二重結合，アルキンは三重結合をもつ不飽和炭化水素だ．物理的性質はアルカンに似ているが，不飽和結合は付加反応を受ける．命名は，alk*ane* の語尾を換えて alk*ene* および alk*yne* とする．語尾の -ane は飽和であること，-ene と -yne は二重結合，三重結合の存在を示す．

CH₃CH₂CH₃   CH₃CH=CH₂   CH₃C≡CH
プロパン   プロペン   プロピン
propane   propene   propyne

アレーン (arene) は，芳香族性をもつ化合物の総称名だ．アレーンは環状構造をもつが，アルカンやアルケンにも環状のものがあり，シクロアルカン (cycloalkane)，シクロアルケン (cycloalkene) という．

ベンゼン
benzene

シクロヘキサン
cyclohexane

シクロヘキセン
cyclohexene

アルキル基などの名称と略号

CH₃	メチル (methyl)	Me	CH₃CH₂CH₂CH₂	ブチル (butyl)	Bu
CH₃CH₂	エチル (ethyl)	Et	(CH₃)₃C	*t*-ブチル (*t*-butyl)	*t*-Bu
CH₃CH₂CH₂	プロピル (propyl)	Pr	C₆H₅	フェニル (phenyl)	Ph
(CH₃)₂CH	イソプロピル (isopropyl)	*i*-Pr	CH₃CO	アセチル (acetyl)	Ac

総称的な略号：R = アルキル基，Ar = 芳香族基．

問題 3.1

次の炭化水素の IUPAC 名を書け.

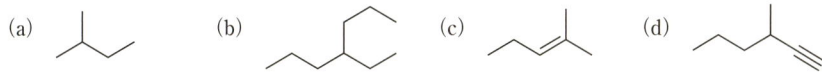

(a)　　　　　　(b)　　　　　　(c)　　　　　　(d)

コラム

有機資源：石油とガソリン

　有機反応によって新しい人工の有機化合物を合成することはできるが，その原料となるのは天然の有機物である．天然の有機原料は，すべて生物によってつくられたものといってよい．化石燃料といわれる石油，天然ガス，石炭は古代の生物からつくられた（化石燃料の生成については異論もある）ものであり，再生不可能なので，その枯渇が心配されている．これらが現代生活を支えるエネルギー源になるとともに，化学工業の原料となり，種々の有機物質の製造を可能にしている．一方，再生可能な有機資源として現生生物体（バイオマス）を利用する取り組みも行われている．

　天然ガスの主成分はメタンであり，エタン，プロパン，ブタンも含まれるが，おもに燃料として使われている．石炭は芳香族化合物を多く含むが，現代の有機化学工業のおもな原料は石油になっている．

　石油の利用は，まず原油を蒸留して沸点によって表に示すような留分に分けることから始める．需要の多いガソリン留分を増やすために，高沸成分は**クラッキング**によってより小さいアルカンとアルケンに分解し，低沸成分はアルキル化して分子量の高いアルカンに変える．また，触媒を用いた改質によってアルカンを芳香族化合物に変換して化学工業原料とする．

蒸留によって得られる石油成分

沸点/℃	体積(%)	炭素数	生成物
<30	1〜2	C_1〜C_4	天然ガス，液化石油ガス
30〜200	15〜30	C_4〜C_{12}	石油エーテル，リグロイン，ナフサ，ガソリン
200〜300	5〜20	C_{12}〜C_{15}	灯油，燃料油
300〜400	10〜40	C_{15}〜C_{25}	ディーゼル油，潤滑剤
>400	8〜60	>C_{25}	パラフィンワックス，アスファルト

　ガソリンは C_6〜C_{12} の炭化水素の混合物であり，その品質は**オクタン価**で表される．オクタン価の低いガソリンはエンジンのノッキングを起こしやすい．オクタン価の基準物質としてイソオクタン(2,2,4-トリメチルペンタン)とヘプタンを選び，それぞれのオクタン価を100と0とする．あるガソリンのオクタン価は，同等のノック性を示すイソオクタン-ヘプタン混合物のイソオクタン％で示す．オクタン自体はヘプタンよりもノッキングを起こしやすく，オクタン価は−20である．エタノール，ベンゼン，トルエンのオクタン価はイソオクタンよりも高く，それぞれ105，106，120と見積もられている．

　バイオマスから得られるバイオエタノールをガソリンにまぜたバイオガソリンが，自動車用燃料として実用化されようとしている．

イソオクタン　　　　　　ヘプタン
(オクタン価 100)　　　(オクタン価 0)

3.2 官能基と有機化合物の種類

3.2.1 有機化合物の種類

有機化合物のおもな官能基と，その官能基をもつ有機化合物の種類を表3.2にまとめた．アルカンを基本として，種々の官能基がHと置き換わってそれぞれの有機化合物群をつくっている．

表 3.2 有機化合物の種類と官能基

種類	一般式	官能基		例	
アルカン	C_nH_{2n+2} (RH)	なし (C−C, C−H 単結合)		CH_3CH_3	エタン
アルケン	C_nH_{2n}	>C=C<	二重結合	$CH_2=CH_2$	エテン
アルキン	C_nH_{2n-2}	−C≡C−	三重結合	HC≡CH	エチン
アレーン	ArH	⬡	ベンゼン環	⬡	ベンゼン
アルコール	R−OH	−OH	ヒドロキシ	CH_3CH_2OH	エタノール (エチルアルコール)
エーテル	R−O−R	−OR	アルコキシ	$(C_2H_5)_2O$	エトキシエタン (ジエチルエーテル)
ハロアルカン	R−X (X=F, Cl, Br, I)	−X	ハロゲノ (フルオロ, クロロ, ブロモ, ヨード)	CH_3CH_2Cl	クロロエタン (塩化エチル)
アミン	R−NH₂, R₂NH, R₃N	−NH₂	アミノ	$CH_3CH_2NH_2$	エタンアミン (エチルアミン)
アルデヒド	RCHO	>C=O, −CHO	カルボニル, ホルミル	CH_3CHO	エタナール (アセトアルデヒド)
ケトン	R₂CO	>C=O, =O	カルボニル, オキソ	CH_3COCH_3	プロパノン (アセトン)
カルボン酸	R−COOH	−COOH	カルボキシ	CH_3COOH	エタン酸（酢酸）
エステル	R−COOR	−COOR	アルコキシカルボニル	$CH_3COOC_2H_5$	エタン酸エチル (酢酸エチル)
酸無水物	(RCO)₂O	−C(O)−O−C(O)−		$(CH_3CO)_2O$	無水酢酸
酸ハロゲン化物	R−COX (X=F, Cl, Br, I)	−COX	ハロホルミル	CH_3COCl	塩化アセチル
アミド	R−CONH₂, R−CONHR, R−CONR₂	−CONR₂	カルバモイル	CH_3CONH_2	エタンアミド (アセトアミド)
ニトリル	R−CN	−C≡N	シアノ	CH_3CN	エタンニトリル (アセトニトリル)
ニトロ化合物	R−NO₂	−N⁺(O)−O⁻	ニトロ	CH_3NO_2	ニトロメタン
チオール	R−SH	−SH	メルカプト	CH_3CH_2SH	エタンチオール
スルフィド	R−S−R	−SR	アルキルチオ	CH_3SCH_3	ジメチルスルフィド

問題 3.2

次の化合物に含まれる官能基は何か.

(a) グリセルアルデヒド（最小の炭水化物）

(b) (−)カルボン（スペアミントの香り）

(c) アスピリン（鎮痛・抗炎症薬）

(d) アテノロール（テノーミン）（心臓選択性β遮断薬）

(e) システイン（アミノ酸）

3.2.2 体系的命名法の考え方

官能基をもつ化合物も炭化水素の場合と同じように基本化合物の置換体として命名するので，化合物名は図3.1のように組み立てられる．

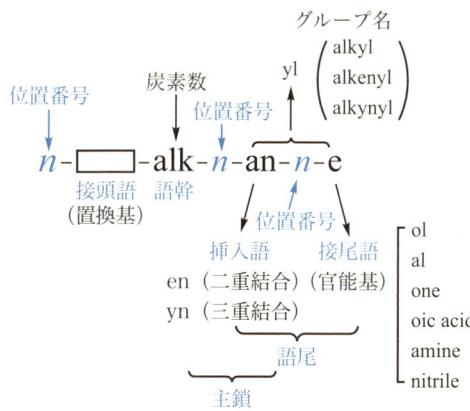

図 3.1 体系的化合物名(IUPAC名)の成り立ち

化合物名は "接頭語−語幹−挿入語−接尾語" からなる．それぞれの部分は，置換基，炭素数，C=CまたはC≡C結合の有無，主官能基を示している．位置番号は必要な場合に入れる．

例： CH₃C=CHCH₂−OH （4 3 2 1）
          |
          CH₃

3-methylbut−2−en−1−ol
3−メチル−2−ブテン−1−オール

代表的な置換基あるいは官能基の名称を表3.2に示し，表3.3にもまとめた．表3.3に示した官能基をもつ化合物は，例に示すように，主官能基となるものを優先順に従って一つ（青色）だけ選び接尾語として命名し，基本化合物とする．

3−ペンテン−2−オール
pent−3−en−2−ol

4−ヒドロキシ−2−ペンタノン
4−hydroxypentan−2−one

5−クロロ−3−プロピル−1−ヘキセン
5−chloro−3−propyl−hex−1−ene

体系的な命名法は，化学者の国際組織である国際純正応用化学連合(International Union of Pure and Applied Chemistry：IUPAC)によって決められている(IUPAC規則)が，複雑な化合物やよく用いられる化合物には伝統的に用いられてきた慣用名も使われる．本書では，原則としてIUPAC名を使うが，必要に応じて慣用名をかっこに入れて示す．

表 3.3 官能基の優先順と命名法

優先順と名称	式[a]	接尾語	接頭語[b]
1 カルボン酸	(C)OOH	-oic acid (酸)	carboxy- (カルボキシ)
	COOH	-carboxylic acid (カルボン酸)	
2 ニトリル	(C)≡N	-nitrile (ニトリル)	cyano- (シアノ)
	C≡N	-carbonitrile (カルボニトリル)	
3 アルデヒド	(C)HO	-al (アール)	oxo- (オキソ)
	CHO	-carbaldehyde (カルバルデヒド)	formyl- (ホルミル)
4 ケトン	(C)=O	-one (オン)	oxo- (オキソ)
5 アルコール	OH	-ol (オール)	hydroxy- (ヒドロキシ)
6 アミン	NH₂	-amine (アミン)	amino- (アミノ)

a) (C)は主鎖の一部であることを示す．　b) 置換基としての名称．

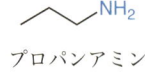
プロパンアミン
propanamine
(propylamine)

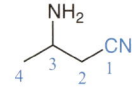
3-アミノブタンニトリル
3-aminobutanenitrile

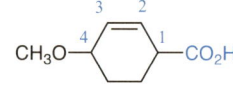
4-メトキシ-2-シクロヘキセンカルボン酸
4-methoxycyclohex-2-enecarboxylic acid

問題 3.3

次の化合物の構造を示せ．
(a) 4,6,6-トリメチル-2-オクチン　　(b) 4-メチル-2-ペンタノン
(c) 1-クロロ-5-メトキシ-4-プロピル-2-ヘキセン
(d) 2,3,4,5,6-ペンタヒドロキシヘキサナール

有機化合物は，以上のような考え方に従って命名されるが，細かい点は省略したので，くわしくは専門書を参考にしてほしい．

3.3 分子間に働く力と有機化合物の性質

3.3.1 分子間力

沸点や溶解度などの物理的性質が，アルカンとアルコールでは大きく異なる．このような物理的性質は，個別の分子としてではなく，その集合体として観測されるものであり，分子間の相互作用の結果として現れている．

電荷をもたない分子の間に働く引力相互作用には，ファンデルワールス(van der Waals)力と水素結合がある．ファンデルワールス力はさらに配向力，誘起力と分散力に分けられる．

中性分子には，双極子をもつ極性分子とアルカンのような無極性分子がある．極性分子は，分子どうしが正しく配向すると，双極子の正電荷

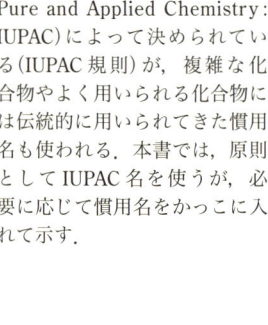

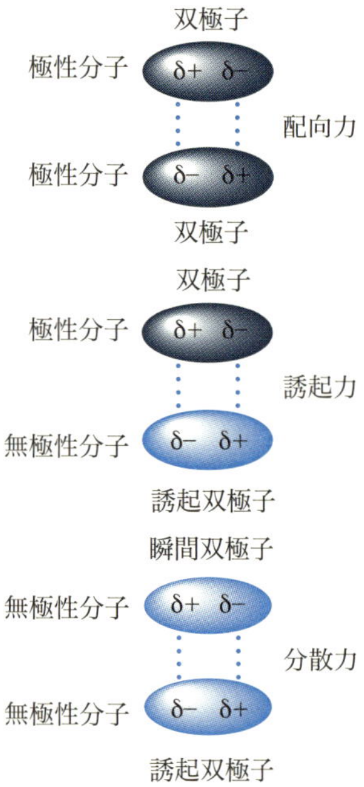

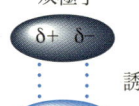

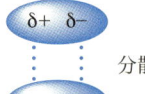

図 3.2 3種類のファンデルワールス引力

末端と負電荷末端の間に静電引力をもつ．この相互作用を双極子–双極子相互作用あるいは配向力という．また，無極性分子も極性分子の影響で電子に偏りを生じる．この誘起双極子と双極子の間にも引力相互作用が生じる．このような相互作用を誘起力という．

無極性分子どうしではどうだろうか？ 分子内の電子は互いにできるだけ遠ざかる傾向をもち，その位置は分子の中で刻々と変化している．通常はその時間平均で電子分布を考えているが，ある瞬間をとらえると無極性分子においても瞬間的な電子の偏りがみられる．その一時的に生じた双極子は，近接する無極性分子に作用して電子を偏らせ双極子を誘起する．この瞬間双極子と誘起双極子との間の引力相互作用を分散力という．分散力は分子間の接触面積が大きく，分子内の電子が動きやすい（分極率が大きい）ほど大きい．ファンデルワールス力のおもな要素になっているのは分散力である[*2]．

一方，分子の直接結合していない原子があまり近づき過ぎると電子間の反発が生じ，不安定化の要因になる．この相互作用はファンデルワールス反発あるいは障害斥力といわれ，立体障害の原因だ．

アルコールのOH基のように，電気陰性度の大きい原子に結合している水素原子は，電気的に陽性になっており，別の原子の非共有電子対と比較的強い相互作用をもつ．このような分子間力を水素結合という（図3.3）．水素結合の強さは $10 \sim 40$ kJ mol^{-1} 程度で，分散力（$0.5 \sim 8$ kJ mol^{-1}）よりは大きいが，共有結合の強さ（$210 \sim 420$ kJ mol^{-1}）に比べればずっと小さい．

[*2] これは，ちょっと意外な感じもするが，永久双極子の配向力は正しい配向をとった分子間にだけ働く力であるのに対して，誘起双極子は必然的に引力相互作用を生じるためその寄与は大きくなる．

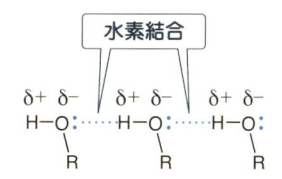

図 3.3 アルコールの水素結合

3.3.2 物質の状態

分子間の引力相互作用と熱運動エネルギーの相対的な大きさによって，分子の集合状態が変化し，低温から高温になるに従って，固体，液体，気体と物質の状態は変化する．結晶性固体では，分子は規則的に配列して熱運動のエネルギーよりも強い分子間力で固定されている[*3]．温度を上げて熱エネルギーを加えると，個別の分子間引力を超えて分子が自由に動けるようになる．しかし，まだ完全に隣接分子との相互作用を失っていない状態が液体状態である．結晶状態が完全に壊れるまで熱を吸収するので，一定温度でこの相変化を起こす．この温度が融点だ．分子間力が大きく，分子の対称性がよく結晶格子に並びやすいほど，融点は高い．

[*3] 分子は特定の位置を中心にして振動している．

さらに温度を上げると，熱運動エネルギーが完全に分子間力を超え，分子はばらばらに1分子ずつ自由に飛行できるようになり，液体から気体に変化する．この温度が沸点だ．分子間引力が大きいほど沸点は高く，分子の形にはあまり関係ない．

表 3.4 分子量のほぼ等しい有機化合物の沸点

化合物（分子量）	沸点/℃
ペンタン(72) $CH_3CH_2CH_2CH_2CH_3$	36.1
ジエチルエーテル(74) $CH_3CH_2OCH_2CH_3$	34.5
1-フルオロブタン(76) $CH_3CH_2CH_2CH_2F$	32.5
1-ブタノール(74) $CH_3CH_2CH_2CH_2OH$	117.3
プロパン酸(72) CH_3CH_2COOH	141
ブチルアミン(73) $CH_3CH_2CH_2CH_2NH_2$	77.8
ブタナール(72) $CH_3CH_2CH_2CHO$	75

アルカンの沸点が分子量とともに高くなるのは，分子が大きくなるに従って分散力が大きくなるせいだ．アルコールは水素結合で会合しているので，同等の分子量のアルカンよりも沸点が高い．水も水素結合によって強く会合しているために，その低分子量に似合わず高沸点だ．

表 3.4 に，分子量 72～76 の有機化合物の沸点を比較している．極性の比較的小さい化合物はペンタンとほぼ等しい沸点をもつが，強い水素結合をつくれるカルボン酸やアルコールの沸点は高い．

問題 3.4

アルカン C_5H_{12} の構造異性体の沸点は，$CH_3CH_2CH_2CH_2CH_3$　36.1℃，$(CH_3)_2CHCH_2CH_3$　27.9℃，$(CH_3)_4C$　9.5℃ である．この沸点の違いを説明せよ．

問題 3.5

プロパン酸の沸点が分子量のほぼ等しい 1-ブタノールの沸点よりも高いのはなぜか．

3.3.3 溶解度

溶解度の一般的な法則として"似たものどうしはよく溶けあう"といわれる．極性化合物は極性溶媒に溶けやすく，無極性化合物は無極性溶媒に溶けやすい．純粋な液体では同じ種類の分子間で相互作用をもっている．すなわち，溶ける前には溶質(溶ける物質)分子どうしの相互作用と溶媒(溶かす物質)分子どうしの相互作用でべつべつの純粋な液体(あるいは固体)を形成しているが，溶けた状態ではそれらの相互作用に代わって新しく溶質分子と溶媒分子の間の相互作用が生じる．

したがって，よく溶けるということは，溶質分子と溶媒分子の引力相互作用が，純粋状態での相互作用に匹敵するかそれよりも大きいということだ．アルカンと水がまじりあわないのは，アルカンが水分子間の水素結合に代わる強い相互作用を水分子に対してもつことができないからだ．

問題 3.6

分子量の小さいアルコールは水に溶けるが，ROH のアルキル基が大きくなると水に溶けなくなる．その理由を説明せよ．

4 酸 と 塩 基

chapter

酸塩基反応は，プロトンのやり取りだけで起こる最も単純な反応の一つである．本章では酸塩基反応を，有機反応の基礎として学ぶ．

4.1 プロトン酸と平衡反応

ブレンステッド(Brønsted)の定義によれば，酸はプロトンH^+を出すもの[*1]で，塩基はH^+を受け取るものだ．塩基は，ふつう非共有電子対をもっており，その電子対がH^+と結合をつくる．一般式で書けば，酸HAと塩基Bの反応でHB$^+$とA$^-$が生じる．生成したHB$^+$は酸であり，Bの共役酸とよばれ，A$^-$は塩基として働くのでHAの共役塩基とよばれる．

[*1] ブレンステッド酸あるいはプロトン酸という．

$$H-A + :B \rightleftarrows H-B^+ + A^-$$
酸　　塩基　　　　共役酸　　共役塩基

例題 4.1　次の酸塩基反応の共役酸・共役塩基の関係を示せ．

$$CH_3CO_2H + NH_3 \rightleftarrows CH_3CO_2^- + NH_4^+$$

解答

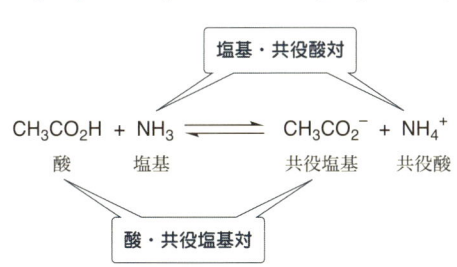

塩基・共役酸対

$$CH_3CO_2H + NH_3 \rightleftarrows CH_3CO_2^- + NH_4^+$$
酸　　塩基　　　共役塩基　共役酸

酸・共役塩基対

問題 4.1

次の酸塩基反応を完成し，共役酸・共役塩基の関係を示せ．

(a) $CH_3-\overset{+}{O}H_2 + CH_3NH_2 \rightleftharpoons$ 　　(b) $CH_3-OH + NH_2^- \rightleftharpoons$

酸の強さは，水溶液中で水分子を塩基とする平衡で定義される．

酸解離平衡：　$HA + H_2O \overset{K_a}{\rightleftharpoons} H_3O^+ + A^-$

その平衡定数 K_a を**酸解離定数**という．酸性度の尺度として，K_a の負の対数をとって pK_a がよく使われる．

代表的な有機酸は，エタン酸(酢酸)で，その pK_a は 4.76 である．

$$CH_3CO_2H + H_2O \rightleftharpoons H_3O^+ + CH_3CO_2^-$$
酢酸　　　　pK_a 4.76
　　　　　　($K_a = 1.74 \times 10^{-5}$)

酸解離定数：

$K_a = [H_3O^+][A^-]/[HA]$

p$K_a = -\log K_a$

ここで[ ]は，平衡における濃度を表している．平衡定数に，溶媒である H_2O の濃度は入らない．物理化学で学んだように，平衡定数は厳密には活量で定義されるが，溶媒は定義により活量が 1 であり，その濃度は平衡定数に現れない．

例題 4.2

次の関係式を導け．
$$pK_a = pH + \log([HA]/[A^-])$$

解答　酸解離定数の負の対数をとり，pH $= -\log[H_3O^+]$ の関係を使うと，
$$pK_a = -\log[H_3O^+] - \log([A^-]/[HA]) = pH + \log([HA]/[A^-])$$

問題 4.2

酢酸 0.1 mol と酢酸ナトリウム 0.1 mol を 1 dm^3 の水に溶かした溶液の pH を予想せよ．

緩衝液

少量の酸や塩基を加えたり，濃度を変化させたりしても pH が変化しない水溶液を**緩衝液** (buffer solution) という．緩衝液は，酸と塩基と適当に組み合わせることで調製できる．

例題 4.2 で考えたように，酸 HA と共役塩基 A^- の比率と水溶液の pH の関係は次のように表すことができる．

$$pH = pK_a + \log([A^-]/[HA])$$

弱酸とその共役塩基(緩衝剤という)を一定の濃度比でまぜれば，水溶液の pH はこの式で計算できる(ただし，pK_a がイオン強度や温度の影響を受け，熱力学的な理想状態から変化しただけの影響は現れる)．すなわち，pH は濃度にほとんど関係ないし，緩衝剤の濃度に比べて少量の酸や塩基を加えても pH はほとんど変化しない．

pK_a が小さいほど酸性は強い．pK_a は酸性度の尺度として使われるが，同時に共役塩基の塩基性度の尺度にもなる．すなわち，塩基 B の塩基性は，その共役酸 BH$^+$ の pK_{BH^+} が大きいほど強いということになる．

塩基(B)　　　共役酸(BH$^+$)

$$NH_3 + H_2O \rightleftharpoons NH_4^+ + HO^-$$

アンモニア　　pK_{BH^+} 9.24

塩基 B の塩基性度を pK_{BH^+}（共役酸 BH$^+$ の pK_a）で表す(4.4節)．

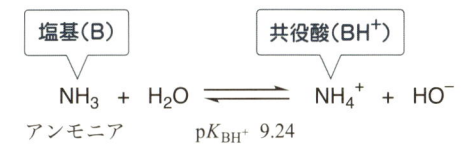

平衡定数は，一般的に出発物と生成物のギブズ(Gibbs)エネルギー差 $\Delta G°$ で $K = e^{-\Delta G°/RT}$ と表されるので，$\Delta G°$ が大きいほど平衡定数 K は小さくなる(図 4.1)．酸解離定数が 1 よりも小さい(p$K_a > 0$)ということは，$\Delta G°$ が正(生成物のほうが出発物よりも不安定)であることを意味する．酸と比べて共役塩基が相対的に安定であるほど，酸は強い．

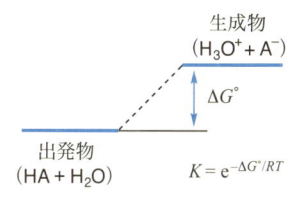

図 4.1 平衡反応のエネルギー（$\Delta G° > 0, K < 1$ の場合を表している）

4.2 酸の強さとそれを決める因子

代表的な酸の pK_a 値を表 4.1 にまとめる．酸性度を決める因子は何か？ 以下に考察していこう．

表 4.1 代表的な酸の pK_a

酸	共役塩基	pK_a	酸	共役塩基	pK_a
HCl	Cl$^-$	-7	PhOH	PhO$^-$	9.99
PhSO$_3$H	PhSO$_3^-$	-2.8	CH$_3$SH	CH$_3$S$^-$	10.33
H$_3$O$^+$	H$_2$O	-1.74	C$_2$H$_5$NH$_3^+$	C$_2$H$_5$NH$_2$	10.63
CF$_3$CO$_2$H	CF$_3$CO$_2^-$	-0.6	(C$_2$H$_5$)$_3$NH$^+$	(C$_2$H$_5$)$_3$N	10.65
HF	F$^-$	3.17	H$_2$O	HO$^-$	15.74
HCO$_2$H	HCO$_2^-$	3.75	C$_2$H$_5$OH	C$_2$H$_5$O$^-$	15.9
PhNH$_3^+$	PhNH$_2$	4.60	HC≡CH	HC≡C$^-$	25
CH$_3$CO$_2$H	CH$_3$CO$_2^-$	4.76	NH$_3$	NH$_2^-$	35
C$_5$H$_5$NH$^+$	C$_5$H$_5$N$^{a)}$	5.25	H$_2$C=CH$_2$	H$_2$C=CH$^-$	44
NH$_4^+$	NH$_3$	9.24	CH$_4$	CH$_3^-$	49

a) ピリジン．

H$-$Y の結合の極性が大きいほど，すなわち Y の電気陰性度が大きいほど酸性が強い．CH$_4$, NH$_3$, H$_2$O, HF の pK_a を比べてみるとその関係がわかる．この順に共役塩基のアニオンが安定で，H$^+$ を出しやすくなっている．

メタン，エテン，エチンは，この順に pK_a が小さく，酸性が強い．C の混成が sp^3, sp^2, sp と s 性が大きくなるに従って，軌道エネルギーが低く(2.2.4項)，電気陰性度が大きいと考えてよい．

一方，ハロゲン化水素 HX の酸性度は，HCl ≫ HF であり，HBr (pK_a -9)，HI(pK_a -10)はさらに強酸だ．X が高周期元素になるほど H$-$X 結合が弱くなり切断しやすくなる．

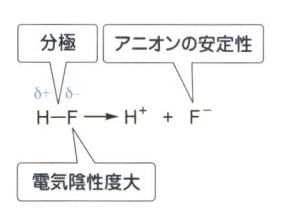

分極　アニオンの安定性

$$H-F \rightarrow H^+ + F^-$$

電気陰性度大

酸性度を決める因子：
　Y の電気陰性度
　H$-$Y の結合力
　Y$^-$ の非局在化
　置換基の電子求引性

有機酸の代表であるカルボン酸は，アルコールに比べるとかなり強酸だ．この酸性は，O−H結合がC=O基の電子求引性によって分極しH$^+$を出しやすくなっているうえに，カルボキシラートアニオンの負電荷が非局在化して安定になっている(共鳴構造が書ける)ことから説明される．

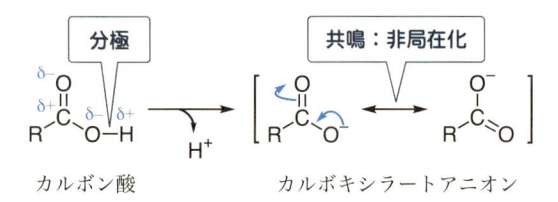

このように，共役塩基のアニオンが非局在化していると酸性が強くなる傾向がある．フェノールが飽和のアルコールよりも酸性であることは，フェノキシドアニオンの非局在化から説明できる．

問題 4.3

次のアルコールの酸性度の違いを説明せよ．
CH$_2$=CHCH$_2$OH (pK_a 15.5)　　　CH$_3$CH=CHOH (pK_a 約 11)

炭素に結合したHを別のグループで置き換えたとき，そのグループを**置換基**といい，置換基が分子のほかの部分に及ぼす影響を**置換基効果**という．電子求引性置換基は酸性を強め，電子供与性置換基は酸性を弱める．クロロ酢酸の酸性度は，塩素の電子求引性によって高くなる．

置換基の影響は官能基に近いほど大きく現れる．
CH$_3$CH$_2$CO$_2$H　　pK_a 4.87
ClCH$_2$CH$_2$CO$_2$H　　4.08
CH$_3$CH(Cl)CO$_2$H　　2.80

	CH$_3$CO$_2$H	ClCH$_2$CO$_2$H	Cl$_2$CHCO$_2$H	Cl$_3$CCO$_2$H
pK_a	4.76	2.86	1.35	−0.5

メチル基は電子供与性なので酸性を弱める．

	HCO$_2$H	CH$_3$CO$_2$H	(CH$_3$)$_3$CCO$_2$H
pK_a	3.75	4.76	5.03

問題 4.4

次のカルボン酸の酸性度の違いを説明せよ．
HOCH$_2$CO$_2$H (pK_a 3.83)　　　FCH$_2$CO$_2$H (pK_a 2.59)

4.3 炭素酸とカルボアニオン

　C−H 結合の解離によって炭素アニオン (カルボアニオン) を生成するような酸を，一般的に炭素酸という．C−H 結合は極性をもたないのでほとんど酸性を示さないが，エチンのように水素が sp 混成炭素に結合している場合 (表 4.1) や共役塩基のカルボアニオンが非局在化している場合には，炭素酸の酸性度もかなり高くなる．たとえば，エタンに比べて，プロペンやトルエンのメチル水素はかなり酸性が強い．これは共役塩基の非局在化 (共鳴安定化) による．

CH_3-CH_3　　pK_a 50
エタン

$CH_2=CH-CH_3$　　43
プロペン

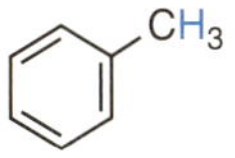

トルエン　　41

> **問題 4.5**
>
> プロペンとトルエンの共役塩基 (アリルアニオンとベンジルアニオン) の構造を共鳴で表せ．

　シクロペンタジエンはイオン化すると芳香族性のシクロペンタジエニドアニオン (2.5 節) を生じるので，pK_a が小さい．

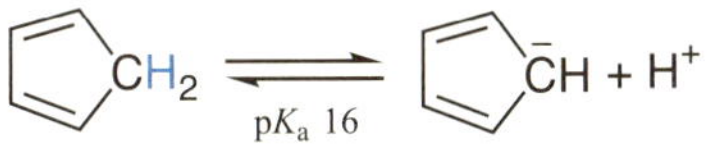

シクロペンタジエン ⇌ (pK_a 16) シクロペンタジエニドアニオン + H^+

　電子求引基が酸性水素と同じ炭素に結合していると，炭素酸の酸性は非常に強くなる．そのような置換基として，ニトロ，カルボニル，シアノ基などがある．

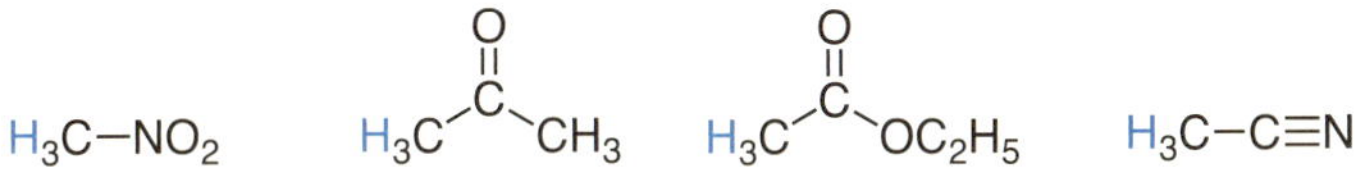

	H_3C-NO_2	$H_3C-CO-CH_3$	$H_3C-CO-OC_2H_5$	$H_3C-C\equiv N$
	ニトロメタン	プロパノン (アセトン)	酢酸エチル	エタンニトリル (アセトニトリル)
pK_a	10.2	19.3	25.6	28.9

> **問題 4.6**
>
> ニトロメタンとプロパノンの共役塩基の構造を共鳴で示せ．

　このような電子求引基が 2 個以上結合すると，カルボアニオンはさらに安定になり，炭素酸は強くなる (13 章)．

4.4 有機化合物の塩基性

　上で述べたように，塩基 B の塩基性度は，共役酸 BH^+ の pK_{BH^+} で表す．

4.4.1 アミンの塩基性

最も一般的な有機塩基はアミンだ．典型的なアルキルアミンの pK_{BH^+} は約 10 だが，アニリンはずっと弱い塩基（pK_{BH^+} 4.6）だ．

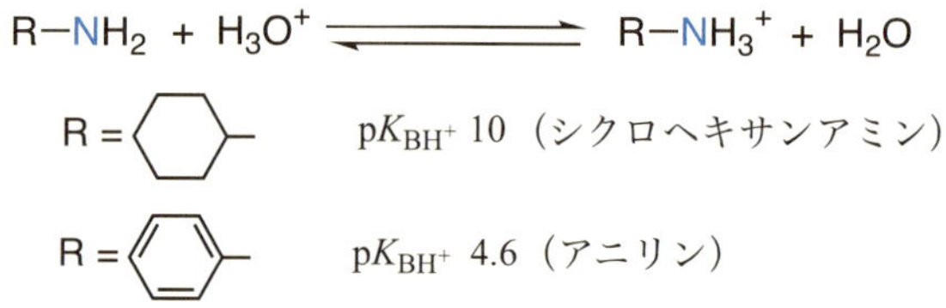

$$R-NH_2 + H_3O^+ \rightleftharpoons R-NH_3^+ + H_2O$$

R = シクロヘキシル　pK_{BH^+} 10（シクロヘキサンアミン）

R = フェニル　pK_{BH^+} 4.6（アニリン）

これはアミノ基窒素の非共有電子対がベンゼン環に非局在化しているためだ．プロトン化されると，この非局在化がなくなり，安定化を失う．

> アニリンは，フェノキシドイオンやベンジルアニオンと（電子の配置が同等な）等電子構造をもつ．アルキルアミンとアニリンの関係は，アルコールとフェノールの関係に似ている．

問題 4.7
アニリンの構造を共鳴で表せ．

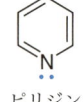

ピリジンの N は sp^2 混成で芳香環に含まれているので弱塩基だ．

ピロールの N の非共有電子対は芳香族 6π 電子系に組み込まれているので，プロトン化されにくく，ほとんど塩基性を示さない．プロトン化されると芳香族性を失うが，プロトン化の位置は 2 位炭素だ．

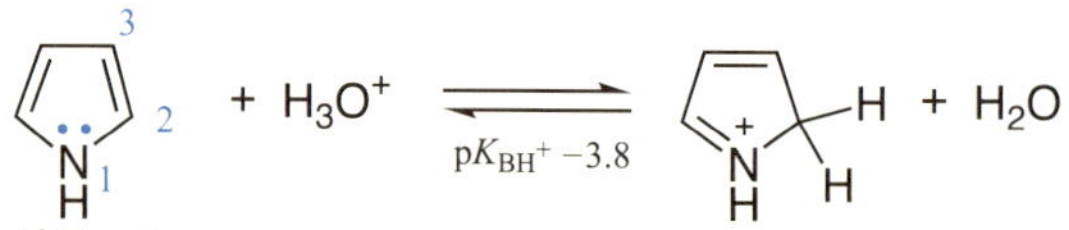

ピリジン pK_{BH^+} 5.23
N の非共有電子対は sp^2 軌道に入っていて，π 電子系とは直交している．

ピロール + H_3O^+ $\rightleftharpoons$ プロトン化ピロール + H_2O　pK_{BH^+} −3.8

問題 4.8
ピロールの共役酸を共鳴で示し，N−プロトン化構造よりも安定であることを説明せよ．

二重結合に含まれるイミンの N は sp^2 混成で塩基性は弱いが，アミジンやグアニジンは強い塩基性をもつ．これは，共役酸のカチオンが共鳴安定化しているからだ．たとえば，アミジンの共役酸（アミジニウムイオン）は，左のように等価な二つの寄与式の共鳴混成体で表せる．

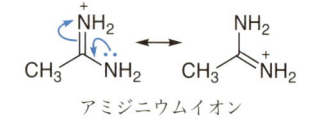

アミジニウムイオン

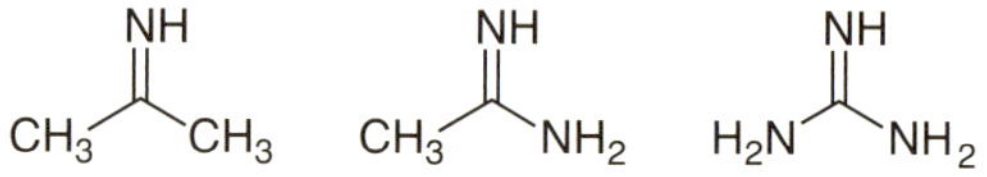

	イミン	アミジン	グアニジン
pK_{BH^+}	約 8	12.4	13.6

> **問題 4.9**
>
> グアニジンの共役酸を共鳴で表せ.

中性の強塩基の例をみたが，さらに強力な塩基として有機反応に用いられるのは，アニオン性塩基のアルコキシド RO^-（pK_{BH^+} 約 16）やアミド R_2N^-（pK_{BH^+} 約 35）の塩である.

4.4.2 弱塩基性有機化合物

酸素化合物は，酸素に非共有電子対をもっているので弱いながらも塩基として作用する．これらの化合物が反応するときには，酸(触媒)によりプロトン化を受けて活性化されることが多い(8 章, 11 章)．代表的な有機化合物のおおよその pK_{BH^+} を次に示す．

	アルコール	エーテル	ケトン	エステル	アミド
	CH_3OH	$(CH_3)_2O$	$(CH_3)_2C=O$	CH_3COOR	CH_3CONH_2
共役酸	$CH_3-\overset{+}{O}H_2$	$(CH_3)_2\overset{+}{O}H$	$(CH_3)_2C=\overset{+}{O}H$	$CH_3C(OR)=\overset{+}{O}H$	$CH_3C(NH_2)=\overset{+}{O}H$
pK_{BH^+}	-2.2	-3.8	-7.2	-6.5	-0.6

> **問題 4.10**
>
> ケトンおよびエステルの共役酸の構造を共鳴で表せ.

> **問題 4.11**
>
> アミドのプロトン化がアミノ窒素でなくカルボニル酸素に起こる理由を説明せよ(ヒント：それぞれのプロトン化で生じる共役酸の共鳴を考えよ).

4.5 ルイス酸と塩基

ブレンステッド酸・塩基はプロトン移動に基づいて定義されている．G.N. Lewis は，化学反応における電子対の動きに注目して酸塩基の一般的定義を提案した．ルイス酸は電子対を受け入れる化学種であり，塩基とは電子対を出すものである．ルイス酸は中心原子に 6 電子しかもっていないので電子対を受け入れることができる．典型的なものは BF_3, BH_3, $AlCl_3$, $FeBr_3$, $ZnCl_2$ などだ．塩基は，ブレンステッドの定義でもプロトンと結合するための電子対をもっているので，ルイスの定義でも同じだ．

ルイス酸塩基反応では，付加体をつくる．

> プロトン H^+ 自体はルイス酸であり，カルボカチオン R_3C^+ もルイス酸である．

$$\text{F–B(F)(F)} + \text{:N(H)(H)–H} \rightleftarrows \text{F–B(F)(F)–N}^+\text{(H)(H)–H}$$

ルイス酸　塩基　　　　　　　付加体

問題 4.12

次のルイス酸塩基反応を完成せよ．
(a) $BF_3 + (CH_3)_2O \rightleftarrows$　　(b) $AlCl_3 + (CH_3)_2C=O \rightleftarrows$

コラム

抽　出

分子量の大きい有機酸や塩基で水に溶けないものでも，酸塩基反応でイオンになると水に溶けるようになる．この性質を利用して，酸性あるいは塩基性物質を抽出分離することができる．たとえば，アニリンは塩基なので塩酸水溶液に溶け，フェノールは酸なので NaOH 水溶液に溶ける．安息香酸 (pK_a 4.2) とフェノール (pK_a 10.0) は，いずれも酸だが，pK_a の違いを考えれば分離可能になる．フェノールは pH > 10 でないと水に溶けないが，安息香酸は pH > 5 で溶けるようになる．したがって，水をその中間の pH にコントロールすれば，安息香酸は水に溶けるが，フェノールは有機層(エーテルやジクロロメタン)に残る．よく使われるのは $NaHCO_3$ 水溶液だ．HCO_3^- の pK_a が約 10.3 で，H_2CO_3 の pK_a が約 6.4 なので，$NaHCO_3$ 水溶液の pH はその中間になる．一方，Na_2CO_3 水溶液の pH は 10 以上になるのでフェノールを溶かすのに適している．

この原理は，植物などから有用な成分を抽出するときにも用いられる．酸性水溶液で抽出される植物の成分はアルカロイドとよばれ，生理活性な物質が多い．これらはアミン(窒素)を含む塩基性物質である．その一つにケシの実に含まれる麻薬成分，アヘン，がある．その主成分は**モルヒネ**であり，麻薬作用があるだけでなく，強力な麻酔薬として末期がん患者などに処方される．モルヒネにはアミン(pK_a 約 8)だけでなくフェノール基(pK_a 約 10)があるので，水溶液を pH 約 9 に調整して抽出することができる．すなわち，酸性水溶液で抽出されたアルカロイドは，pH 9 ですべて有機層に移るが，その有機層を NaOH 水溶液とともにふりまぜると，フェノール部分がイオン化してモルヒネだけが水層に移る．

5 chapter

三次元の有機分子：立体化学

有機分子の三次元の形は立体構造といわれる．アルケンにシスとトランスの立体異性体があることを 2.7 節で述べたが，飽和化合物でも立体異性が問題になる．立体異性体には，立体配座異性体と立体配置異性体の 2 種類がある．これらについて具体的な例で考えていく．

異性体の種類
├ 構造異性体
└ 立体異性体
　├ 立体配座異性体
　└ 立体配置異性体
　　├ ジアステレオマー
　　└ エナンチオマー

立体配座異性体は単結合まわりの回転で相互変換できるもので，立体配置異性体は結合を切断しないと相互変換できないものだ．

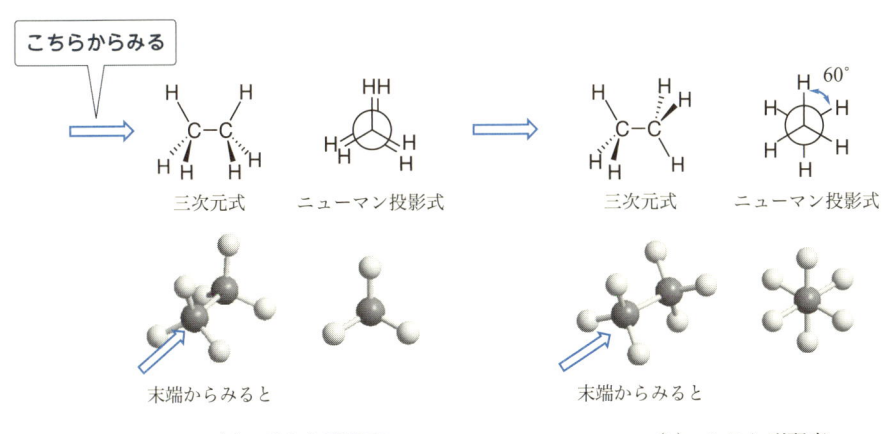

5.1 アルカンの立体配座

エタン分子を C–C 結合に沿ってみると，C–C 結合まわりの回転によって二つの C に結合した C–H の関係が変化することがわかる．この関係はニューマン (Newman) 投影式という書き方で表すとよくわかる (図 5.1)．

こちらからみる

三次元式　　ニューマン投影式　　　　　三次元式　　ニューマン投影式

末端からみると　　　　　　　　　　末端からみると

(a) 重なり形配座　　　　　　　　(b) ねじれ形配座

図 5.1 エタンの重なり形とねじれ形配座

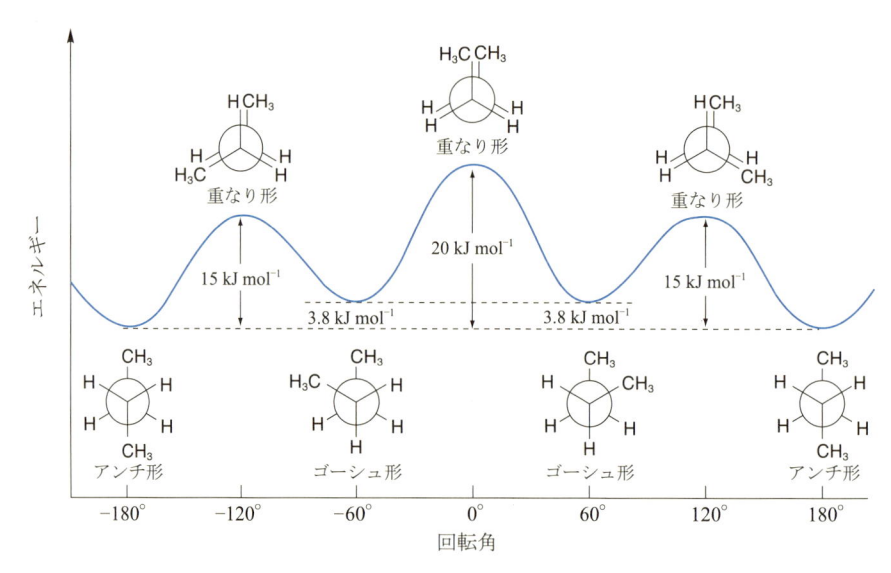

図 5.2 ブタンの C2−C3 結合まわりの回転による立体配座とエネルギー

　このように結合まわりの回転によって変化する立体構造を**立体配座**という．二つの代表的な立体配座として，C−H 結合どうしが重なりあった**重なり形配座**と 60°ずれた**ねじれ形配座**がある．

　ニューマン投影式では後ろの C を円で表し，その中心に手前の C を点で表し，それぞれの C から出た結合を 120°ごとに 3 本の線で表す．

　重なり形では直接結合していない C−H 結合が互いに接近し，結合電子対の反発によって不安定になる．このような不安定化を**ねじれひずみ**という．エタンの場合，重なり形はねじれ形よりも約 12 kJ mol^{-1} 不安定で，それが C−C 結合の回転障壁になっている．しかし，このエネルギーは十分低く，室温ではほぼ自由に回転できるといってよい．

　ブタンの C2−C3 結合まわりの回転については，二つのメチル基の関係によって 2 種類の重なり形と 2 種類のねじれ形配座がある．ねじれ形のうち，二つのメチル基が反対側にあるものを**アンチ形**といい，60°になっているものを**ゴーシュ形**という．これらは，図 5.2 の中に示すように，エネルギーの極小点にある．このようにエネルギーの極小点にあるものを**立体配座異性体**という．重なり形はいずれもエネルギーの極大点にある．重なり形の不安定化には，ねじれひずみに加えて，メチル基どうしが近づくために生じる反発（**立体ひずみ**）も作用している．

> エネルギーの極大点にある配座は，寿命をもたないので異性体には分類しない．立体配座異性体は，回転異性体あるいはコンホマーともいわれる．

問題 5.1

ブタンのアンチ形とゴーシュ形配座を，くさび結合を用いた三次元式で示せ．

> **問題 5.2**
> プロパンのねじれ形と重なり形配座をニューマン投影式と三次元式で示せ．

5.2 シクロアルカン

5.2.1 シクロプロパン，シクロブタンおよびシクロペンタン

　鎖状のアルカンと違って，環状になると単結合も回転できなくなる．最も小さいシクロプロパンでは，三つのCが正三角形をつくっている．その結果，C-C-Cの結合角は sp^3 混成炭素の理想的な結合角から大きく圧縮され，結合角ひずみを生じる．それに加えて，隣接炭素のC-H結合は重なり形になるので，ねじれひずみも抱えており，これらがシクロプロパンの環ひずみの原因になる．

　シクロブタンが平面で正方形だとすると，結合角ひずみと8組の重なり形C-H結合によるねじれひずみを生じる．しかし，四員環は少し折れ曲がった形をとれるので，これらのひずみを緩和できる．その結果，結合角ひずみは少し増大するが，ねじれひずみがかなり解消される．

　正五角形の内角は108°だから，シクロペンタンは平面構造でもあまり結合角ひずみは受けないはずだ．しかし，平面構造では10組の重なり形C-Hによるねじれひずみが大きな負担になる．実際のシクロペンタンは，封筒形とよばれる非平面構造をとってねじれひずみを緩和している．

5.2.2 シクロヘキサン

　シクロヘキサンはいす形立体配座とよばれる安定な折れ曲がり構造をとる(図5.3)．いす形シクロヘキサンの隣接炭素の結合はすべてねじれ形になり，結合角も sp^3 混成炭素の理想的な結合角に等しいので，ひずみがない．いす形シクロヘキサンの各炭素は，環の垂直方向に出たアキシアル結合と，環の外側に突き出たエクアトリアル結合をもつ．

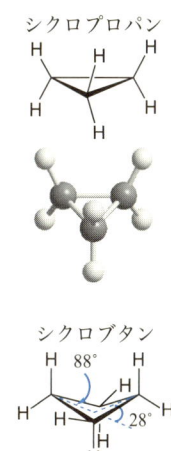

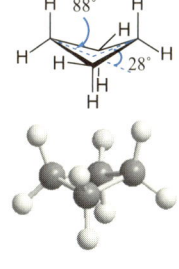

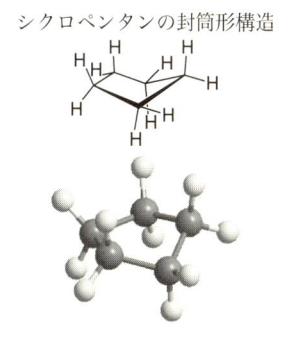

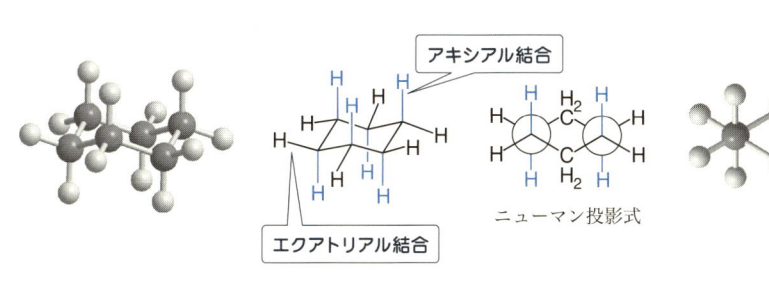

図 5.3 シクロヘキサンのいす形立体配座

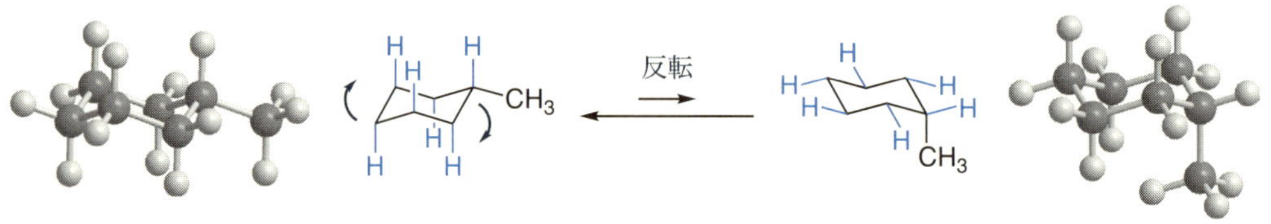

エクアトリアル-メチルシクロヘキサン
95%

アキシアル-メチルシクロヘキサン
5%

図 5.4 メチルシクロヘキサンの環反転（水素を部分的に省略している）

アキシアル結合は，炭素一つおきに上と下を向き（図 5.3, 青色），エクアトリアル結合は二つずつ平衡であり，結合を一つ隔てた 2 本の環内 C–C 結合とも平行になっている．

平行なエクアトリアル結合

いす形配座の環反転は室温で容易に起こり（エネルギー障壁は約 45 kJ mol^{-1}），アキシアルとエクアトリアル水素は相互に入れ替わる．この関係は一置換シクロヘキサンでは異性体になる．たとえば，メチルシクロヘキサンのメチル基は環反転により，エクアトリアル形とアキシアル形の平衡になっている．平衡はエクアトリアル形に偏っている（図 5.4）．

アキシアル異性体の不安定性は，<u>1,3-ジアキシアル相互作用</u>とよばれる立体ひずみのせいだ（図 5.5）．C1 のアキシアル置換基と C3 および C5 のアキシアル水素原子が接近しているために反発相互作用を生じる．

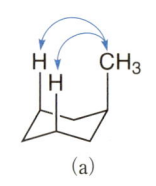

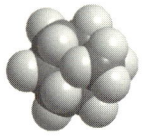

(a)　　　(b) 空間充填分子模型を上からみたところ

図 5.5 1,3-ジアキシアル相互作用

旗ざお水素の立体ひずみ

船べり結合

ねじれひずみ

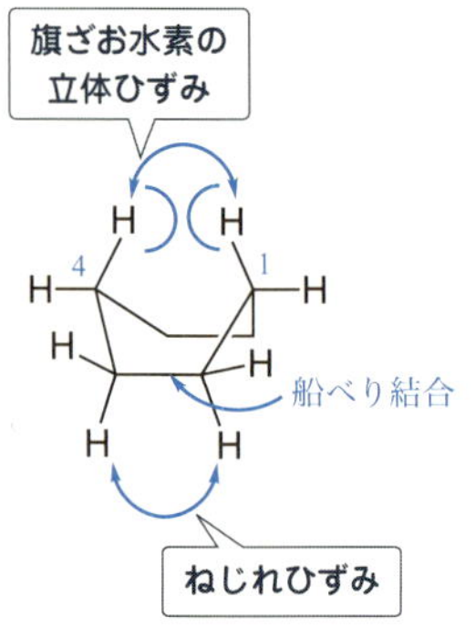

舟形シクロヘキサン

シクロヘキサンのもう一つの特徴的な立体配座として<u>舟形配座</u>がある．この配座では，船べりに相当する C2–C3 と C5–C6 結合が重なり形になってねじれひずみを生じ，旗ざお水素とよばれる C1 と C4 の水素が非常に接近して立体ひずみを生じている．その結果，いす形よりも約 28 kJ mol^{-1} 不安定になっている．

> **問題 5.3**
> クロロシクロヘキサンの最も安定ないす形配座を書け．

5.3 シクロアルカンのシス・トランス異性

ダイヤモンドは sp^3 炭素からなり，いす形の六員環が積み重なった構造をもっている．

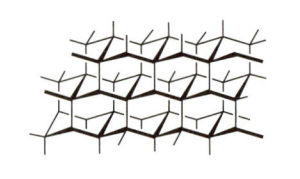

異なる炭素に置換基をもつ二置換シクロアルカンには，置換基が二つとも同じ側にあるシス異性体と反対側にあるトランス異性体とがある．これらは<u>立体配置異性体</u>の一種だ．一例として，1,3-ジメチルシクロブタンのシス・トランス異性体の構造を示す．

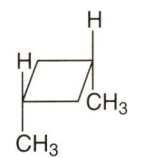

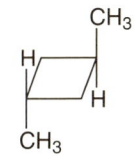

cis-1,3-ジメチルシクロブタン   trans-1,3-ジメチルシクロブタン

問題 5.4
次に示す構造のジメチルシクロヘキサンはシスおよびトランス異性体のどちらか.

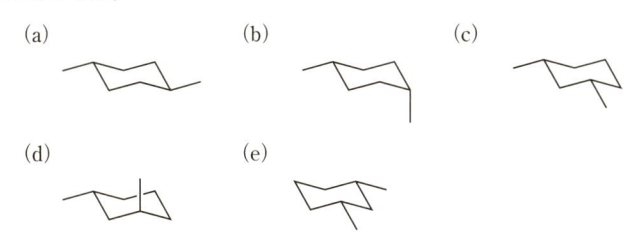

(a)   (b)   (c)

(d)   (e)

問題 5.5
1-t-ブチル-4-メチルシクロヘキサンのシスおよびトランス異性体を，それぞれより安定ないす形配座で示せ．

問題 5.6
1,2-ジメチルシクロヘキサンのシスおよびトランス異性体ではどちらが安定か．それぞれの安定な立体配座を書いて理由を説明せよ．

5.4 鏡像異性

　三次元の物体には，実物とその鏡像が同一で重ね合わせることができるものとそうでないものがある．前者を**アキラル**であるといい，後者を**キラル**であるという．分子も三次元の物体であり，キラルなものとアキラルなものがある．生物の世界は，分子レベルでみるとキラルであり，生体の化学ではキラルな性質（**キラリティー**）が非常に重要になる．

キラルな物体

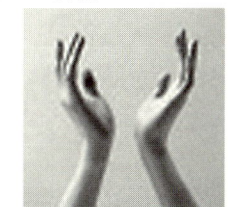

右手と左手

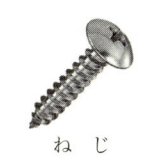

ねじ

キラル (chiral) はギリシャ語の手を意味する言葉 cheir からきている．

問題 5.7
次の物体のうち，その形がキラルなものをあげよ．
(a) くつ　(b) くつした　(c) はさみ　(d) ピンセット
(e) テニスラケット　(f) ゴルフクラブ　(g) プロペラ
(h) 船のスクリュー

5.4.1 キラルな分子

　α-アミノ酸の一つ，アラニンの構造は，図5.6に示すように，その

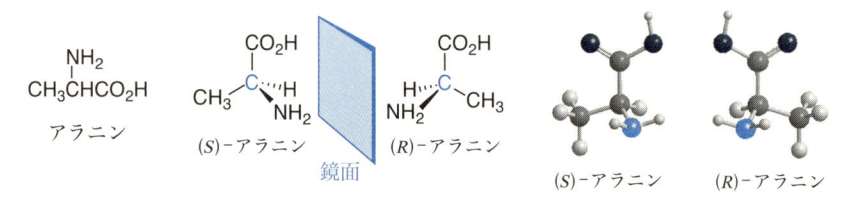

図 5.6 アラニンの鏡像と立体異性体(エナンチオマー)

鏡像と重ね合わせることができない．しかし，一つのアラニン[(S)-アラニンとする]の鏡像は，アラニンの立体異性体[(R)-アラニンとして区別する]と重ね合わせることができる．(S)-アラニンと(R)-アラニンは鏡像関係にあるが，同一分子ではなく，立体配置異性体の関係にある．鏡像関係にある立体異性体を**エナンチオマー**という．

アラニンが立体異性を生じる原因はどこにあるのか？ 中心炭素に結合している四つのグループがすべて異なることだ．このようなキラリティーの原因になる中心原子を**キラル中心**という．

アラニンのメチル基をHに変えるとグリシンになるが，中心炭素はキラル中心ではなくなり，鏡像はもとの分子と重ね合わせることができる(図 5.7)．グリシンAの鏡像BをC-C結合まわりに60°回転するとAと重なりあう形になる．すなわち，グリシンはアキラルだ．この分子のもう一つの特徴は，分子内に対称面をもつことだ．右に示すように，この分子ではC-C-Nを含む面が対称面になっている．ここで得られる一般的結論は，対称面をもつ分子はアキラルであり，キラル中心を一つもつ分子はエナンチオマーになるということだ．

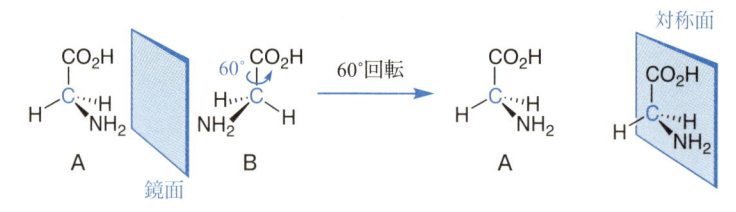

図 5.7 グリシンの分子構造と鏡像関係

問題 5.8

次の化合物のうちキラルなものはどれか．キラルな化合物について二つのエナンチオマーを三次元式で表せ．

(a) CH₃CHCO₂H (OH)
(b) CH₃CHCO₂H (CH₃)
(c) 2-ブタノール (OH)
(d) 3-ペンタノール (OH)
(e) シクロヘキセノール
(f) シクロヘキサジエノール
(g) 4-クロロテトラヒドロピラン
(h) 2-クロロテトラヒドロピラン

問題 5.9

次の分子構造に含まれるキラル中心に＊印をつけて示せ．

アスコルビン酸
（ビタミンC）

エフェドリン
（交感神経興奮薬）

(＋)-カルボン
（キャラウエイ）

タミフル
（インフルエンザ薬）

5.4.2 キラル中心の R, S 表示

キラル中心には2種類の立体配置があり，それがキラリティーの原因になっている．それらを区別するために R, S 表示法が考案され，キラルな化合物の命名に使われる．キラル中心には四つの異なるグループが結合しているので，そのグループの優先順位を決め，その並び方で R, S 配置を決める．優先順位は，別項としてまとめた順位則に基づいて決める．

(1) 最低順位のグループを後ろにおいて，残りの三つのグループを手前からみる．
(2) 順位の高い方から順にたどったとき，それが時計回り（右回り）なら R 配置，逆に反時計回り（左回り）なら S 配置と定義する．

この順位則は，提案者の名前にちなんで CIP（カーン・インゴールド・プレローグ：Cahn–Ingold–Prelog）順位則とよばれる．

R はラテン語の *rectus*（右），S は *sinister*（左）に由来する．

CIP 順位則

(1) 原子番号が大きいほど上位とする．
(2) 直接結合している原子が同じなら，次の原子で比較する（例：$CH_3 < CH_2OH$）．
(3) 多重結合がある場合には，結合している原子を多重に数える．すなわち，

$$-\text{C}=\text{CH}_2 \Rightarrow -\overset{\text{C}}{\underset{\text{H}}{\text{C}}}-\overset{\text{C}}{\text{CH}}_2 \quad -\text{C}\equiv\text{CH} \Rightarrow -\overset{\text{C}\;\text{C}}{\underset{\text{C}\;\text{C}}{\text{C}}}-\overset{\text{C}}{\text{CH}} \quad -\overset{}{\underset{\text{H}}{\text{C}}}=\text{O} \Rightarrow -\overset{\text{O}\;\text{C}}{\underset{\text{H}}{\text{C}}}-\text{O}$$

のように考えるので，たとえば優先順位は次のようになる．

$$-CH_2CH_3 \;<\; -CH(CH_3)_2 \;<\; -CH=CH_2 \;<\; -C\equiv CH \;<\; -CH_2OH \;<\; -CH=O$$

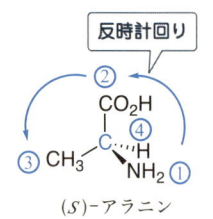

たとえば，上でみた(S)-アラニンは，キラル中心に結合しているグループの優先順位が H < CH$_3$ < CO$_2$H < NH$_2$ なので，C−H 結合の反対側からみて NH$_2$ → CO$_2$H → CH$_3$ とたどると，反時計回りになる．したがって，キラル中心は S 配置であり，このエナンチオマーは化合物名の前に(S)−をつけて命名する．

問題 5.10

次の化合物の R,S 立体配置を決めよ．

(a)　(b)　(c)　(d)　(e)

問題 5.11

問題 5.9 にあげた化合物のキラル中心の R,S 立体配置を帰属せよ．

5.4.3 ジアステレオ異性

a. 複数のキラル中心をもつ化合物

キラル中心を n 個もつ化合物には，最大 2^n 種類の立体異性体が可能だ．キラル中心が2個あれば，最大4種類の異性体がある．たとえば，2,3,4-トリヒドロキシブタナールは，下のように4種類書ける．この化合物は糖の一種で，立体配置を構造式の下に示した[*1]．(2R,3R)と(2S,3S)異性体が1組のエナンチオマーで，エリトロースとよばれ，(2S,3R)と(2R,3S)がもう1組のエナンチオマーで，トレオースとよばれる．

2,3,4-トリヒドロキシブタナール

(2R,3R)　(2S,3S)　(2S,3R)　(2R,3S)

エリトロース　　　　トレオース
エナンチオマー　　　エナンチオマー

ジアステレオマー

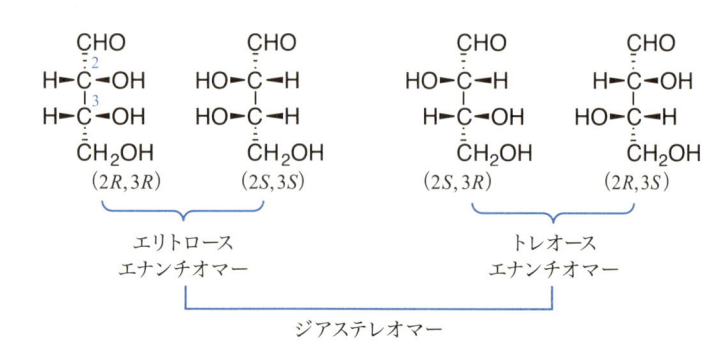

[*1] C2 と C3 の R,S 配置は次のように決められる．最初の異性体では，いちばん優先順位の低い H は，定義とは逆に手前に出ているが，そのまま残りのグループを優先順にたどると，C2 では OH > CHO > C3，そして C3 では OH > C2 > CH$_2$OH となり，いずれも反時計回りになる．H を手前にみているので，C2 も C3 も R 配置ということになる．ほかの異性体についても同様に立体配置を決められるが，結合しているグループを一つ入れ替えるとキラル中心が反転するということを利用してもよい．

エリトロースとトレオースには鏡像関係がなく，このような立体異性の関係は**ジアステレオマー**[*2] という．

もう一つの典型的な例，2,3-ジヒドロキシブタン二酸（酒石酸）にも，同じように四つの構造が書ける．第一と第二の異性体はエナンチオマーだが，第三と第四の構造は対称面をもちアキラルな同一化合物であり，**メソ化合物**（またはメソ異性体）といわれる．

[*2] エナンチオマーの関係にない立体異性体を一般的にジアステレオマーという．シス・トランス異性体もジアステレオマーの一種だ．

$HO_2C-CH-CH-CO_2H$ (OH OH, 位置 3, 2)

2,3-ジヒドロキシブタン二酸（酒石酸）

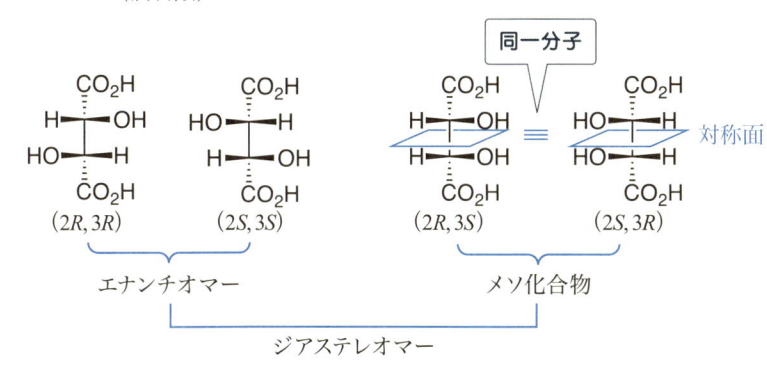

(2R,3R) (2S,3S) ← エナンチオマー
(2R,3S) ≡ (2S,3R) ← メソ化合物（同一分子，対称面）
← ジアステレオマー →

メソ化合物は，キラル中心をもつにもかかわらず，アキラルだ．

問題 5.12
2,3-ブタンジオールには3種類の立体異性体がある．これらの構造を，くさび結合を使って示し，それぞれについてキラル中心の R,S 立体配置を決め，異性体の関係を説明せよ．

問題 5.13
1,3-ジメチルシクロブタン(a)と1,2-ジメチルシクロブタン(b)の立体異性体をすべて示し，キラル中心があればその R,S 立体配置を帰属せよ．また，異性体の関係を説明せよ．

b. シス・トランス異性の E,Z 命名法

シス・トランス異性は *cis* と *trans* で区別できる場合もあるが，この表示法には限界がある．シクロアルカンのシス・トランス異性体は R,S 表示を用いて一般的に命名できるが，アルケンのシス・トランス異性体には **E,Z 命名法** を用いる．この一般的表示法は，R,S 表示と同じ優先順位則に基づいている．それぞれの二重結合炭素に結合している二つのグループのうち，優先順位の高いものが同じ側にある異性体を Z で示し，反対側にある異性体を E で示す．

Z はドイツ語の *zusammen*（一緒に），E は *entgegen*（反対に）に由来する．

(Z)-2-ブロモ-2-ブテン   (E)-2-ブロモ-2-ブテン

5.4.4　キラル炭素をもたないキラル分子

これまでもっぱらキラル中心として四面体炭素をもつキラル分子をみてきたが，C以外の原子がキラル中心になる場合もある．sp^3 混成のNもキラル中心になり得るが，ふつう立体反転が速いので安定なエナンチオマーとしては存在しない．3配位のSは非共有電子対をもっているにもかかわらず反転しにくいので，安定なエナンチオマーをつくる．非対称なスルホキシドがキラル硫黄化合物の例だ．

キラル中心をもたなくても，ねじれ構造をもった化合物はキラルになる．これは，らせん構造がキラルな物体をつくるのと同じだ．その代表例として両端に置換基をもつアレンがある．また BINAP のように，単結合の回転が立体障害のために制限されて生じるエナンチオマーもある．

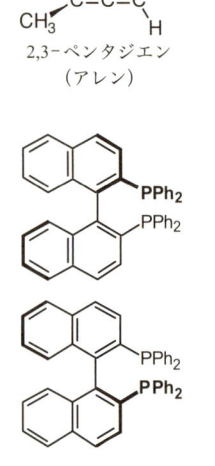

スルホキシド

2,3-ペンタジエン
（アレン）

BINAP（Ph はフェニル基）
［2,2-ビス(ジフェニルホスフィノ)-
1,1-ビナフチル］

問題 5.14

次の化合物のうちキラルなものはどれか．

(a)　(b)　(c)

5.5　立体異性体の性質

ジアステレオマーは分子内での相対的な原子配置が異なり，異なる化合物として性質も異なる．しかし，エナンチオマーは分子内の相対的な原子配置が同一なので，アキラルな環境では同じ物理的・化学的性質を示す．異なるのは，次に説明する旋光性だけだ．しかし，キラルな環境ではエナンチオマーも振る舞いが異なる[*3]．生体は分子レベルではキラルであり，生体物質はエナンチオマーによりまったく異なる生理作用を示す．

[*3] これは，右足が靴の一方にしか合わないことや，右手と相手の左手ではうまく握手できないことと似ている．

5.5.1 光学活性

エナンチオマーは，平面偏光[*4]の面を回転するという性質をもつ．この性質を旋光性といい，旋光性をもつことを光学活性であるという．エナンチオマーだけでなく，キラルなジアステレオマーには光学活性なものがある．

一つのエナンチオマーが偏光面を右に回転させる(右旋性)と，その対になるエナンチオマーは同じだけ左に回転させる(左旋性)．その回転角を旋光度[*5]といい，右旋性は(+)で，左旋性は(−)で表す．たとえば，2-ブタノールの R 異性体は左旋性で，S 異性体は右旋性だ．

(R)-(−)-2-ブタノール
$[\alpha]_D^{25}$ −13.52

(S)-(+)-2-ブタノール
$[\alpha]_D^{25}$ +13.52

[*4] 光が偏光板を通過すると，特定の面内で振動する光波だけが透過する．こうして得られた光を平面偏光という．

[*5] 旋光度は，溶液で測定し，一定の濃度に換算したときの値を比旋光度として $[\alpha]$ で表す．下付きの D は測定波長がナトリウム D 線の波長 (589 nm) であること，上付きの数字は測定温度を示す．

5.5.2 ラセミ体と光学分割

エナンチオマーの等量混合物はラセミ体とよばれ，旋光度を打ち消し合うので光学不活性になる．通常の化学反応はアキラルな環境で行われるので，出発物がアキラルであれば，キラル中心をもつ化合物が生成したとしても，生成物はラセミ体になる．しかし，生体内ではエナンチオ

コラム

右巻きと左巻きのらせん

"ねじ"や"ばね"のようにらせん状の物体はいろいろある．右巻きと左巻きのらせんは鏡像関係にあり，互いに重ね合わせることはできない．すなわち，らせんはキラルであり，タンパク質や核酸もらせん構造をもっている．右回り(時計回り)にたどると先に進んでいくのを右巻きらせん，左回りに進んでいくのを左巻きらせんという．これを簡単に見分ける一つの方法は，図のようにらせんにそって親指を上に向けて手を添えたとき，右手でねじる向きになっているのが右巻きらせんで，左手でねじる向きになっているのが左巻きらせんである．

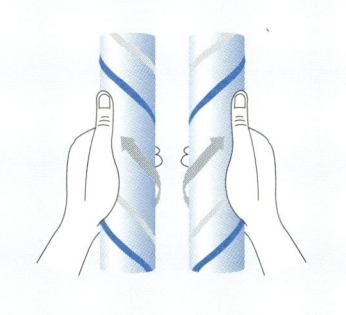

よくみかけるらせん構造には右巻きのものが多い．ふつうのねじは右巻きだし，植物のつるもアサガオをはじめとして右巻きのものが多い．しかし，ヘクソカズラは左巻きである．なぜか電気製品のコードは左巻きが多い．古い電話の受話器や電気カミソリのコードを調べてみるとよい．5, 6月頃芝生などにみかけるネジバナ(モジズリ)は，茎につく花の並び方がらせん状になる．その巻き方には両方があり，同じ株に花が右巻きについたものと左巻きについたものができることもある．

マーが異なる性質をもち，生理活性も異なるので，医薬品などは純粋なエナンチオマーとして製造する必要があり，ラセミ混合物を二つのエナンチオマーに分離すること（光学分割という）も重要な課題になる．

エナンチオマーはアキラルな環境では区別できないので，キラルな場を使って分離する[*6]か，ジアステレオマーに変換してから分離する．

[*6] キラルな吸着剤を使う方法がクロマトグラフィーという分離法に適用されている．

コラム

化学者は賭けに勝った

キラル中心の**立体配置**を R, S で表すが，この絶対配置は原子の並び方を直接観測することができなければ決められない．X線結晶構造解析によって，それが可能になったのは1950年代になってからのことである．しかし，19世紀後半までに，旋光度が測定され，エナンチオマーの概念も確立していた．そして，エナンチオマーを区別するために，右旋性と左旋性を$(+)/(-)$またはd/lの接頭語をつけて示した．しかし，それだけでは構造を書くことができない．

そこで当時の化学者は$(+)$-グリセルアルデヒドを，R 配置の構造で書き，スモールキャピタルの D を接頭語につけて，異性体を区別することにした．その(S)エナンチオマーは L-$(-)$-グリセルアルデヒドとなる．これは確率50%の賭けだったが，50年あまりを経て，この仮定は間違っていなかったことがわかった．すなわち，$(+)$-グリセルアルデヒドは，確かに R 配置であることがわかった．このために，立体化学の記述に混乱が生じなかったのは幸いである．天然の糖類はこの表記によって D 系列であり（下から2番目の C についている OH が右に出ている），アミノ酸は L 系列（NH_2 が左に出ている）である．この分野ではいまでもこの立体化学表記が使われている．

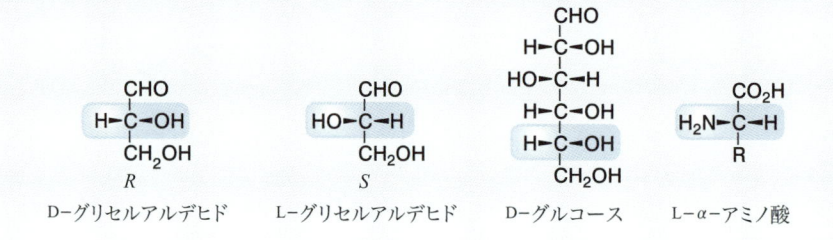

D-グリセルアルデヒド（R） 　 L-グリセルアルデヒド（S） 　 D-グルコース 　 L-α-アミノ酸

6 chapter

有機反応はどう起こるのか

　多様な有機化合物が，さまざまな反応によって変幻自在に形を変えるので，有機反応も無数にあるようにみえる．しかし，有機化合物が官能基によって分類されたように，有機反応も4種類の基本的な反応の組合せとして理解できる．したがって，その根本原理を理解すれば有機反応の全体像，そして有機化学の全体像が理解できるようになるだろう．

　反応は結合の組替えの過程であり，結合にかかわる価電子の動きによって起こる．反応を理解するとは，この電子の動きを理解することにほかならない．電子の動きを巻矢印によって表し，電子の動きを目にみながら，自分の手で電子を動かして有機反応を学ぼう．

6.1　4種類の基本反応

　4種類の基本的な有機反応とは，**置換**，**付加**，**脱離**と**転位**である．それに酸塩基反応を組み合わせると有機反応のしくみがよく理解できる．4種類の反応の簡単な例を示す．

置　換　　$H_3C-Br + HO^- \longrightarrow H_3C-OH + Br^-$
　　　　　$H_3C-H + Br-Br \longrightarrow H_3C-Br + H-Br$

付　加　　$CH_2=CH_2$ 型アルケン + $H-Cl \longrightarrow CH_3-CHCl-H$ 型生成物

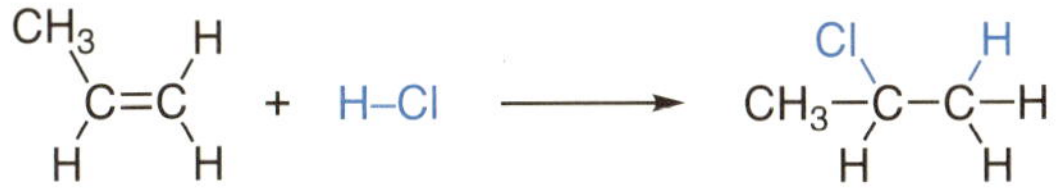

脱　離　　$CH_3-CHCl-CH_2H \longrightarrow CH_3-CH=CH_2 + H-Cl$

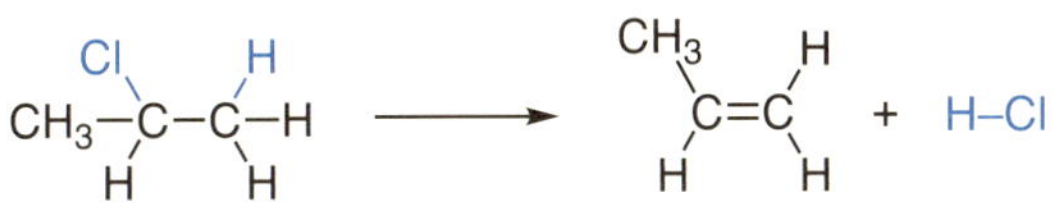

転位

置換反応では，分子の一部分が置き換わっている．付加は，2分子が1分子になる反応であり，不飽和化合物に特徴的な反応だ．脱離は付加の逆で，1分子から2分子生じる．転位では，分子内で結合の組替えが起こり，異性体を生じる(異性化ともいう)．これらは，反応を形式で分類したものであり，反応がどう起こるか，反応機構は示していない．

問題 6.1

次の反応は，どの基本反応に分類されるか．

(a) $CH_3OH + HCl \longrightarrow CH_3Cl + H_2O$

(b) 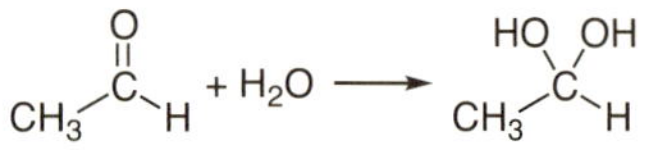 $CH_3CHO + H_2O \longrightarrow CH_3CH(OH)_2$

(c) 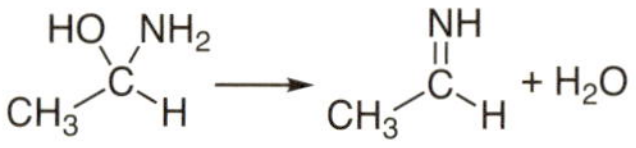 $CH_3CH(OH)(NH_2) \longrightarrow CH_3CH=NH + H_2O$

(d)  $H_2C=CH(OH) \longrightarrow CH_3CHO$

(e) 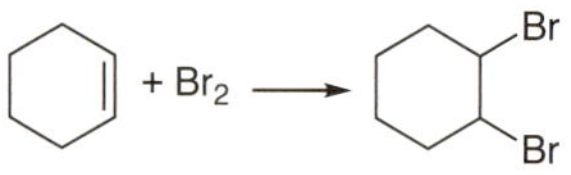 シクロヘキセン $+ Br_2 \longrightarrow$ 1,2-ジブロモシクロヘキサン

(f) 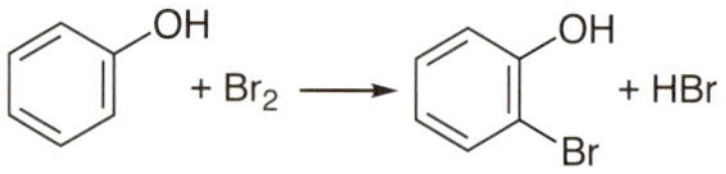 フェノール $+ Br_2 \longrightarrow$ 2-ブロモフェノール $+ HBr$

6.2 結合の切断と生成：3種類の反応機構

化学反応で結合が切れるとき，結合電子対が電子対として一方の原子に移り非共有電子対になる場合と，1電子ずつ分かれて不対電子になる場合とがある．前者は**ヘテロリシス**といわれ，アニオンとカチオンが生成する．後者は**ホモリシス**といわれ，二つのラジカルが生じる．

電子対(2電子)の動きをふつうの巻矢印で示し，1電子の動きは片羽の矢印を使って表す．

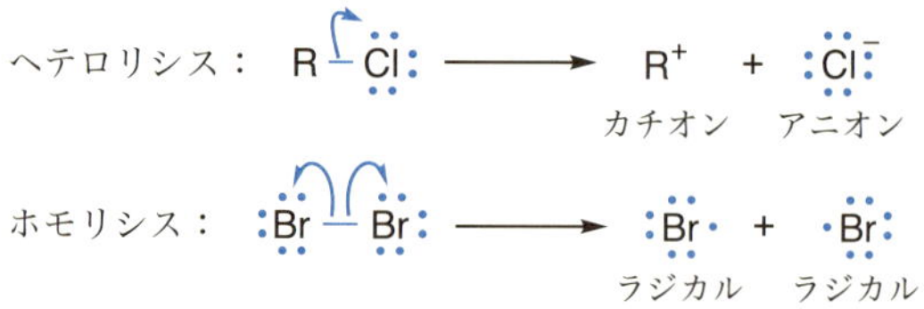

ヘテロリシス： $R-Cl: \longrightarrow R^+ + :Cl:^-$
　　　　　　　　　　　　　　　カチオン　アニオン

ホモリシス： $:Br-Br: \longrightarrow :Br\cdot + \cdot Br:$
　　　　　　　　　　　　　　　ラジカル　ラジカル

反応 6.1 2種類の結合切断

ヘテロリシスのように，電子が対になって動く反応は**極性反応**あるいはイオン反応とよばれ，結合生成においては電子豊富な位置から電子不足の位置に電子対を供与する．一般的に，結合生成において電子対を供

与するものを**求核種**,電子対を受け入れるものを**求電子種**という.

求核種はルイス塩基,求電子種はルイス酸でもある.

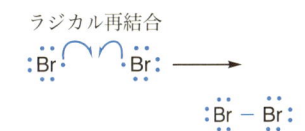

有機反応では,結合切断と生成とが同時に起こることが多い.前節で示した置換反応の一つ目の例では,求核種のHO⁻が求電子種のブロモメタンを攻撃すると同時にC–Br結合のヘテロリシスが起こっている.

ホモリシスの逆過程で,ラジカルどうしが再結合することも可能ではあるが,溶液中ではラジカルは不安定で濃度が低いので起こりにくい.むしろ,ラジカルが中性分子のH原子を攻撃して水素引抜き反応で結合をつくり,次の二つの反応を繰り返して**連鎖反応**になることが多い.これが**ラジカル反応**の特徴になる.

ラジカル再結合

反応 6.2 ラジカル連鎖反応における主要反応

反応6.2の連鎖反応では,最初の反応で$H_3C\cdot$ラジカルが生成し,このラジカルが次の反応で$Br\cdot$ラジカルを再生する.二つの反応がサイクルとなって繰り返し,全体としてメタンの臭素化になっており,前節で取り上げた置換反応の第二の例はこのように起こる.同じ置換反応でも反応の起こり方(反応機構)はまったく異なる.

極性反応とラジカル反応のほかに,もう1種類の反応機構として,電子が環状に動いて結合の切断と生成が同時に起こる反応(**ペリ環状反応**)[*1]がある.前節で例にあげた転位反応がその一つだが,6電子が環状に動いて中間体を経ないでスムースに進む.

[*1] このように,同時に二つ以上の結合変化が起こる反応は,一般的に**協奏反応**とよばれる.

環状6π電子系は典型的な芳香族であることを2.5節で学んだが,この反応の過程も芳香族的だといえる.

6.3 反応のエネルギー

反応の過程では,ある結合が切れ,新しい結合が生成してくるので,エネルギー的に不安定な状態を生じる.このエネルギーの障壁を越えてはじめて反応する.すなわち,反応系のエネルギーは反応の進行とともに図6.1のように変化する.エネルギーの最も高い状態を**遷移状態**(transition state, TSと略す)といい,このエネルギーの山を越えるのに

もし,反応のエネルギー障壁がなければ,有機化合物はすぐに別のものに変わってしまうので,安定に存在し得ない.

必要なエネルギーを活性化エネルギーという．エネルギーを供給するために，加熱したり光をあてたりして反応を進める．TSが低いほど，すなわち，活性化エネルギーが小さいほど，反応は速い．

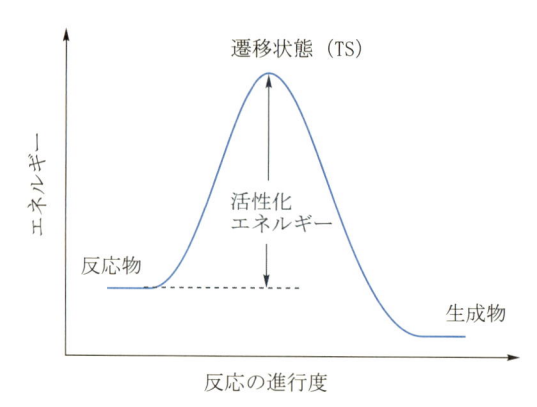

図 6.1 反応のエネルギー変化

図6.1に示したようなエネルギー変化で，ただ一つのTSを経て進む反応は一段階反応だ．その代表例は上でみたCH_3BrとHO^-の反応であり，遷移状態ではO−C結合ができかけ，C−Br結合が切れかけている．

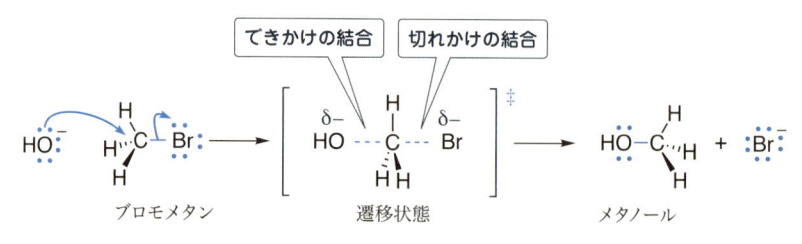

反応 6.3 一段階反応による置換

不安定な中間体を介して二段階あるいはそれ以上の段階を経て進む反応もある．二段階反応のエネルギー変化は図6.2のように表せる．

二段階反応の例として，塩化 t-ブチルの置換反応がある(反応6.4)．

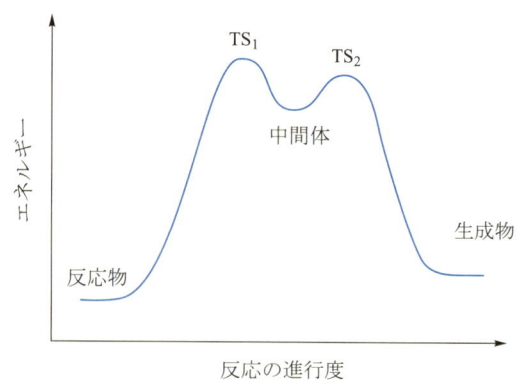

図 6.2 二段階反応のエネルギー変化

この反応ではまず C–Cl 結合のヘテロリシスにより，中間体としてカルボカチオン(炭素陽イオン)を生成する．ついで，この中間体が求核種と反応する．

$$(CH_3)_3C-Cl + H_2O \longrightarrow (CH_3)_3C-OH + HCl$$
塩化 t-ブチル

$$(CH_3)_3C-Cl \longrightarrow (CH_3)_3C^+ + Cl^-$$
中間体(カルボカチオン)

$$(CH_3)_3C^+ \ \ \ddot{O}H_2 \longrightarrow (CH_3)_3C-OH + H^+$$
求電子種　求核種

反応 6.4 二段階反応による置換

二段階反応のエネルギー図においては，二つのエネルギー極大点(遷移状態，TS_1 と TS_2)があり，その中間にエネルギーの谷間がある．これが反応中間体に相当する．カルボカチオンのような不安定な中間体は高エネルギーであり，遷移状態は構造的にもエネルギー的にも中間体に近いといえる[*2]．したがって，反応の起こりやすさ(反応性)を考察するときには，構造の表しにくい TS よりも反応中間体の安定性を考えればよい．中間体が安定であるほど活性化エネルギーが小さく反応は速い．

多段階反応においては，最も高い遷移状態をもつ段階を律速段階といい，そのエネルギーによって全体の反応速度が決まる．

[*2] この考え方はハモンド(Hammond)の仮説として知られている．

> **問題 6.2**
> 図 6.2 のエネルギー図に示す反応の律速段階はどの段階か．

6.4　軌道の相互作用

共有結合が分子軌道で表現できることを 2 章で学んだが，反応において結合変化が起こるとき，分子軌道はどうなるのか？ 結合をつくるためには，一般的に電子が入っている被占軌道と電子が入っていない空軌道との相互作用が重要だ．

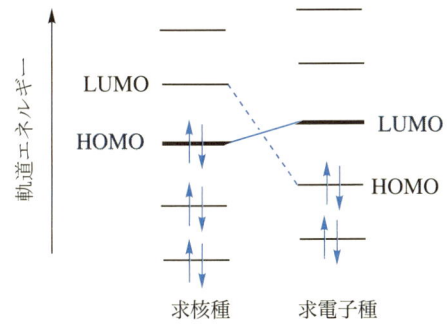

図 6.3 求核種と求電子種の HOMO–LUMO 相互作用

コラム

HOMO-LUMO 相互作用と福井謙一

有機反応における HOMO-LUMO 相互作用の重要性をはじめて指摘したのは，福井謙一である．1920 年代に提案された量子力学は，1930 年代には Pauling らによって化学結合論に応用され（2 章），Hückel により π 電子化合物の電子状態の説明にも使われ，有機構造理論の理解を深めていた．しかし，化学反応理論の量子力学的研究は立ち後れており，有機反応の理解は 1950 年代まで定性的な有機電子説に基づいていた．この有機電子説では分子全体の電荷分布と電子の動きを関係づけて巻矢印で反応を説明している．この考え方を量子化学的に説明することから発展して，福井は，電子を与える分子の HOMO とその分布，そして電子を受け取る分子の LUMO とその分布が反応に対して本質的な役割を果たしていると考えた（1952 年）．これらの分子軌道を"フロンティア軌道"と命名し，HOMO-LUMO 相互作用が化学反応性を支配していることを指摘し，有機化学反応の理論を確立した．福井は，その業績により Roald Hoffmann（米国）とともに 1981 年にノーベル化学賞を受賞した．

彼は 1918 年に奈良県に生まれ，"数学が好きならば化学をやりなさい"という助言に従って，京都帝国大学工学部に進学し，研究活動を行った．工学部でありながら基礎を重んじる環境の中で，量子力学の化学への応用を研究したのである．

福井謙一（1918 ～ 1998）
[福井友栄夫人提供]

極性反応では，求核種の被占軌道と求電子種の空軌道とが相互作用して新しい分子軌道をつくり，求核種の電子対が新しい結合性軌道に入る．軌道相互作用は軌道エネルギーの差が小さいほど大きいので，求核種の**最高被占分子軌道**（highest occupied molecular orbital：HOMO）と求電子種の**最低空分子軌道**（lowest unoccupied molecular orbital：LUMO）との相互作用が最も重要になる（図 6.3）．これを HOMO-LUMO 相互作用という．すなわち，求核種は HOMO が高いほど，求電子種は LUMO が低いほど反応性が高い．

もう一つ重要なことは，軌道相互作用が起こるために軌道がうまく重なりをもつことだ．軌道は方向性をもっているので，反応する化学種の向きが問題になる．たとえば，反応 6.4 でみた二段階反応で，カルボカチオンと水分子が反応するときには，H_2O の非共有電子対を収容している酸素の sp^3 軌道（HOMO）がカルボカチオンの空の 2p 軌道（LUMO）のほうを向いている必要がある（図 6.4）．

図 6.4 カルボカチオンと水分子の軌道相互作用

6.5 巻矢印で反応を表す

極性反応においては，電子豊富な位置から電子不足の位置へ電子が流

れることによって結合の組替えを起こす．それに伴う電子対の動きを巻矢印で正確に示せば，反応における結合の組替えが明白になり，なぜそのような結合の組替えが起こるのか？ なぜ反応がそのように起こるのか？ わかりやすくなる．その原理を理解すれば有機反応を予測することもできる．ここで巻矢印による反応の表し方をまとめて説明する．

巻矢印で考えるのは価電子だから，分子のルイス構造式を正しく書くことから始めなければならない[*3]．反応にかかわる電子対は，非共有電子対か結合電子対だから，巻矢印の出発点はそのいずれかであり，巻矢印の先は新しい結合をつくる2原子の間[*4]か新しい非共有電子対が所属する原子に向けて書く（図6.5）．

[*3] しかし，反応に関係ない非共有電子対は省略することが多い．

[*4] わかりやすく，相手原子の近くに向けることが多い．

図6.5 巻矢印の書き方

巻矢印の出発点は，① 非共有電子対か，② 結合電子対であり，巻矢印の先は，③ 結合をつくる原子間か，④ 新しい非共有電子対の属する原子に向ける．

最も単純な反応は結合切断（ヘテロリシス）であり，結合電子対が非共有電子対になる．

巻矢印は結合電子対を示す結合の線から始まって新しい非共有電子対を受け取るClに向けて書く．

単純な結合生成においては，非共有電子対が新しい結合の結合電子対になる．

巻矢印は非共有電子対から始まって，先をHの近くにもっていく．

この巻矢印は電子対の動きを表しているのであって，求核種が求電子種を攻撃することを表すものではない．逆にH$^+$が塩基を攻撃するように書いてはいけない．

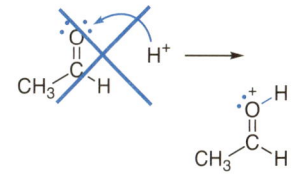

問題 6.3

次の反応について，すべての非共有電子対を示して電子対の流れを巻矢印で表せ．

(a) $(CH_3)_3C-O^+H(CH_3) \longrightarrow (CH_3)_3C^+ + CH_3OH$

(b) 省略（図参照）

(c) $CH_3-C^+H(CH_3) + NH_3 \longrightarrow CH_3-CH(CH_3)-NH_3^+$

(d) $BF_3 + O(CH_3)_2 \longrightarrow F_3B^--O^+(CH_3)_2$

形式電荷をもつヘテロ原子はふつうオクテットになっているので，実際には隣接原子で反応する．

電子対が正電荷をもつ原子を攻撃しやすいと考えるのは自然だが，ヘテロ原子(N や O)の形式正電荷のところで結合形成が起こるかどうかには注意を要する．次のような結合形成が起こったとするといずれもオクテットを超えた不可能な構造をつくってしまう．

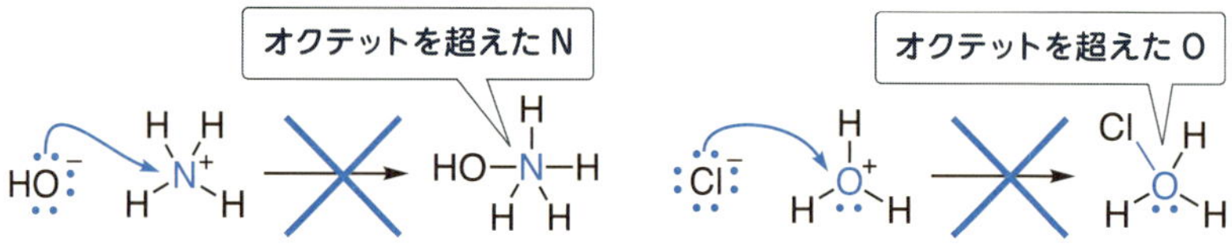

問題 6.4

上の二つの反応は実際にはどのように起こるか．巻矢印を用いて反応式を書け．

問題 6.5

次の反応について，すべての非共有電子対を示して電子対の流れを巻矢印で表せ．

(a)  Cl–H + H₂O ⟶ Cl⁻ + H₃O⁺

(b) 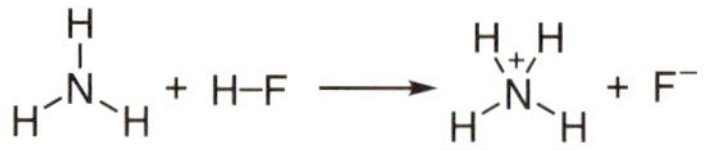 NH₃ + H–F ⟶ NH₄⁺ + F⁻

(c) 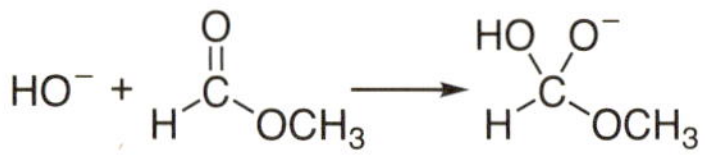 HO⁻ + HC(=O)OCH₃ ⟶ HC(OH)(O⁻)OCH₃

(d) 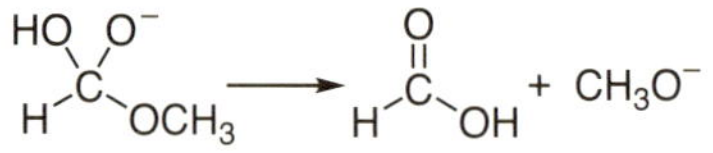 HC(OH)(O⁻)OCH₃ ⟶ HCOOH + CH₃O⁻

結合電子対が求核種になる反応もある．アルケンと HCl の反応 (反応6.5) がその例だ．巻矢印の出発点はアルケンの π 結合であり，C–H 結合ができると同時に H–Cl 結合の切れる．

反応 6.5 では非共有電子対を省略した．二段階目の反応では Cl⁻ のマイナス符号が電子対を表すものとして，巻矢印をマイナス符号から始めている．このような簡略法も許される．

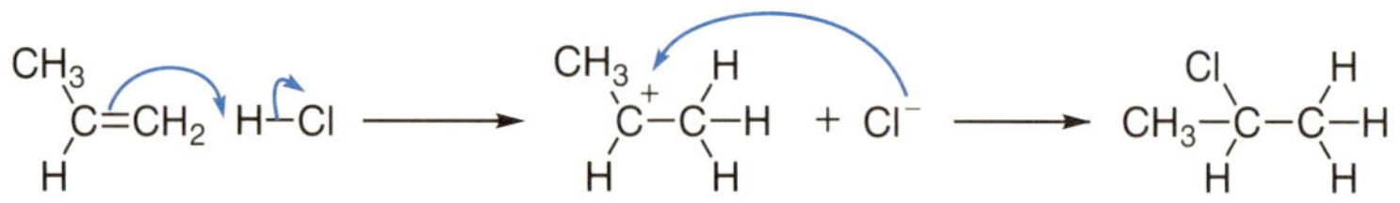

反応 6.5 プロペンへの求電子付加

次の反応は，シアン化物イオンが 3-ブテン-2-オンに付加する反応だ．この反応では，三つの巻矢印で，反応の推進に C=O 結合がかかわり C=C 二重結合の位置が移動していることを示している．電子はアニオンから電子不足のカルボニル基のほうに流れている．

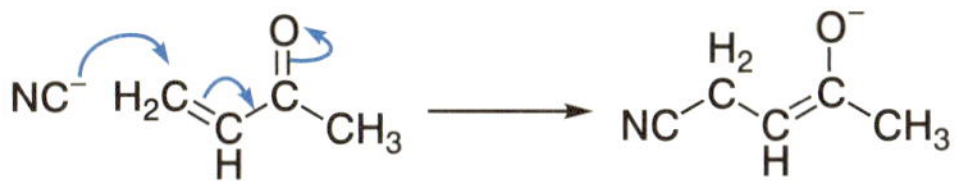

6.5 巻矢印で反応を表す

3-ブテン-2-オン

　一般的に，反応を示すのに二つ以上の巻矢印が必要になる場合には，矢印の向きは同じ向きになり，決してぶつかったり(⌒⌒)発散したり(⌒⌒)することはない．電子は一方向に流れ，その流れがぶつかるようなことはないのだ．

問題 6.6
すべての結合と非共有電子対を示して，上の CN^- の反応を表せ．

問題 6.7
次の反応について，すべての非共有電子対と必要な形式電荷を書き加えてルイス構造式を完成し，巻矢印で電子の流れを示せ．

(a) HCOOH + ピリジンN → HCOO + H–N(ピリジン)

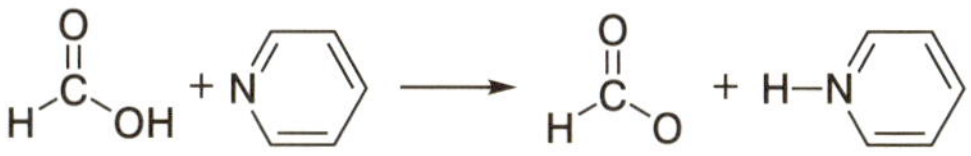

(b) OHC–CH₂–H + OH → OHC=CH₂ + H₂O

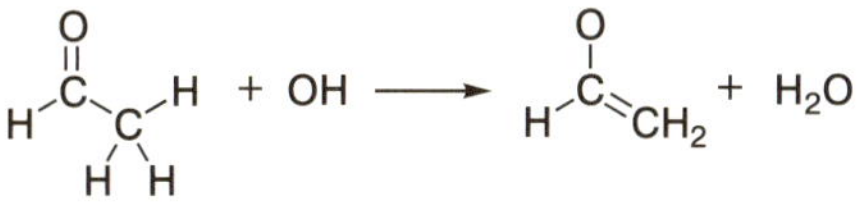

(c) PhCH=CH₂ + Br–Br → PhCH(Br)–CH₂Br + Br

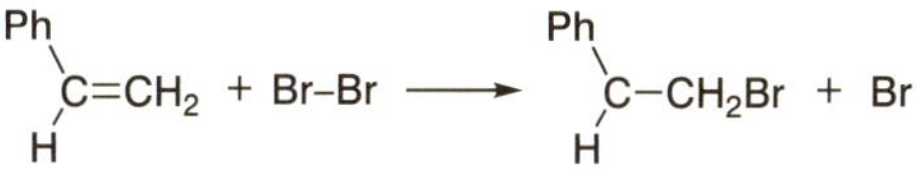

(d) $(CH_3CH_2)_3N$ + CH₃CHHCl → $(CH_3CH_2)_4N$ + Cl

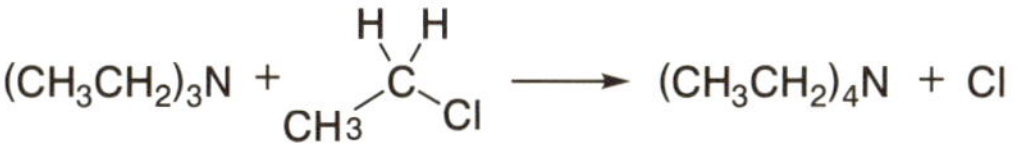

問題 6.8
酢酸エチルの酸触媒加水分解は次のように進む．非共有電子対を書き加え，各段階における電子の動きを巻矢印で示せ．

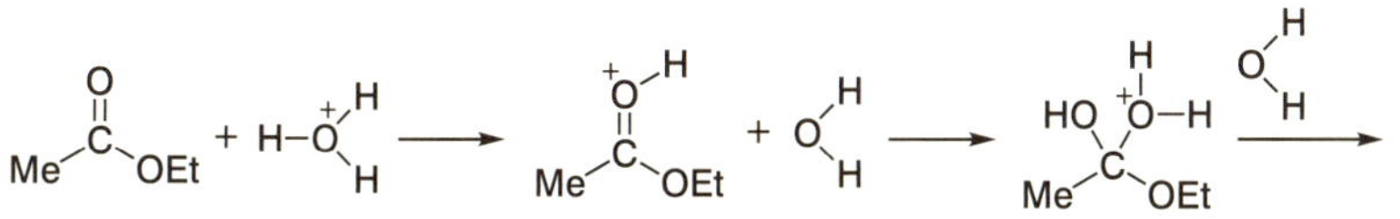

(Me = CH_3, Et = C_2H_5)

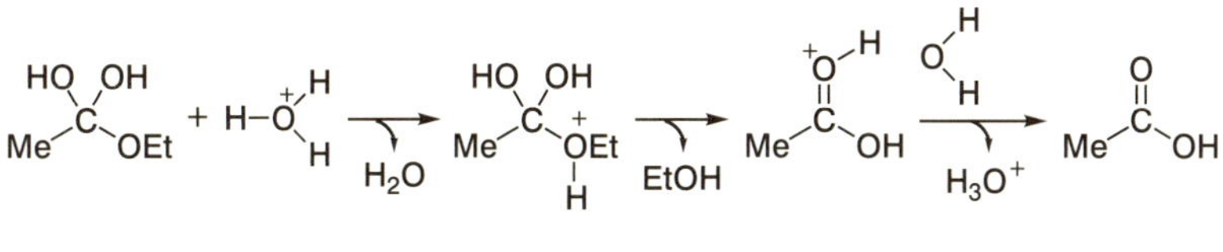

コラム

求電子種は発がん性をもつかもしれない

生体内には，求核性の部位が多いので求電子性をもつ化合物は有毒になる可能性がある．中でも核酸の塩基と反応するものは**発がん性**をもつ可能性がある．求電子性化合物には，ハロアルカン，エポキシド，カルボニル化合物などがあるが，そのうちで反応性の高いものが問題になる．クロロメチルエーテル，マスタードガス，エチレンオキシドやメタナール(ホルムアルデヒド)がそのような例だ．

$ClCH_2$–OR　クロロメチルエーテル

Cl–S–Cl　マスタードガス

エチレンオキシド

メタナール(ホルムアルデヒド)

芳香族化合物は，体内で酸化されて代謝されるが，その過程で反応性の高いエポキシド(エポキシドの反応については8.3節を参照すること)を生じるので，がんの原因になる．

ベンゾ[a]ピレン →(酸化酵素)→ → → 発がん性物質 →(S_N2反応)→ DNA付加体(グアニン)

7
chapter

飽和炭素における反応Ⅰ：ハロアルカンの置換と脱離反応

炭素とヘテロ原子の結合（C–Y：Y＝ハロゲン，O，N，S）の特徴は，Yが電気陰性であるために分極していることだ．また，電気陰性度の高いYはアニオンとして外れやすく，それに伴う反応がおもな反応となる．部分的な正電荷をもつ炭素に求核種の攻撃を受けると置換反応が起こる．その反応例は6章でも取り上げた．また，塩基性条件では，Y$^-$の脱離と同時に隣接炭素からプロトンが引き抜かれてC＝C二重結合をつくる反応（脱離）も可能だ．最も代表的な化合物はハロアルカンであり，反応は塩基性条件で進めることが多い．アルコールやエーテルのように酸触媒を必要とする反応は次の章で扱う．

C–Y結合の分極

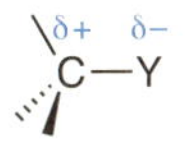

$$\overset{\delta+}{C}-\overset{\delta-}{Y}$$

（Y＝ハロゲン，O，N）

7.1 求核置換反応

7.1.1 S$_N$2反応機構

求核種が求電子中心の炭素を直接攻撃してY$^-$（脱離基）を一段階で押し出す反応は，**S$_N$2反応**[*1]とよばれる．6.3節（反応6.3）でみたブロモメタンとHO$^-$の反応が，その典型的な例であり，HO$^-$は**求核種**の一つだ．

[*1] この反応のように，2分子が反応に関係している反応は二分子反応（bimolecular reaction）とよばれ，S$_N$2の略称はbimolecular nucleophilic substitution reactionから来ている．

$$CH_3Br + HO^- \longrightarrow CH_3OH + Br^-$$

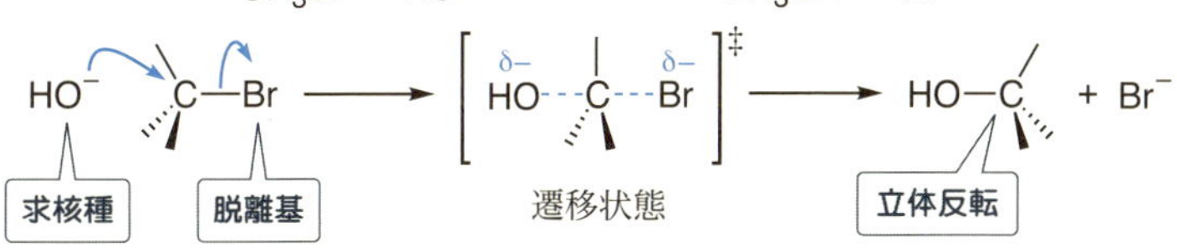

求核種 脱離基 遷移状態 立体反転

反応 7.1 ブロモアルカンのS$_N$2反応

相対反応速度
(RBr + HO⁻ → ROH + Br⁻)
CH₃Br　　　　1.0
CH₃CH₂Br　　 0.08
(CH₃)₂CHBr 　0.014
(CH₃)₃CBr 　約 50

S_N2 反応性（R）：
メチル ＞ 第一級 ＞ 第二級
≫ 第三級（反応しない）

脱離能（脱離しやすさ）：
RSO₃⁻ ＞ I⁻ ＞ Br⁻
＞ Cl⁻ ≫ F⁻, RO⁻

求核性：
RS⁻, CN⁻, I⁻ ＞
RO⁻, HO⁻ ＞
Br⁻, RNH₂ ＞
Cl⁻ ＞ RCO₂⁻ ＞
F⁻ ＞ H₂O, ROH

S_N2 反応では，求核種の HOMO と RY の LUMO が相互作用を起こして反応する．RY の LUMO は C-Y 結合の反結合性軌道（σ*）であり，下に示すように σ* 軌道は C の背面に広がっているので，求核種がそちらから攻撃する．

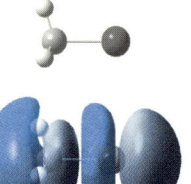

ブロモメタンの分子模型と C-Br 結合の反結合性（σ*）軌道の形

アルキル基やフェニル基が反応で変化するのでなければ，3.1 節（p.22）にまとめた略号を使うと便利だ．これからよく使うので慣れてほしい．
　Me＝CH₃, Et＝CH₃CH₂,
　t-Bu＝(CH₃)₃C, Ph＝C₆H₅

反応速度は，一般的に表すと反応基質 RY と求核種 Nu⁻ の濃度に依存し，速度 $=k[RY][Nu^-]$ のように反応物の濃度の二次関数で表される．このような反応は二次反応といわれる．

この反応は立体障害を受けやすいので，ブロモメタンの H をメチル基で置き換えていくと，反応速度は急激に低下する．

3 個ともメチルになった臭化 t-ブチルの反応は速いが，別の反応機構で進んでおり，第三級アルキル化合物の S_N2 反応は実質的に起こらない．一般的に RY の S_N2 反応性は，R＝メチル＞第一級＞第二級 の順だ．

脱離基 Y⁻ は，共役酸 HY の酸性度が大きいほど脱離しやすい．スルホナート RSO₃⁻ は，HY の酸性度以上にとくに脱離しやすい．

典型的な求核種には左に示すようなものがあり，おおよその反応性（求核性）の順にならべてある．高周期の元素は分極率が大きいために，脱離能も求核性も大きい（例：I⁻）．分極率が大きい原子の価電子は変形しやすく，結合変化に伴う電子の動きが起こりやすい．

S_N2 反応のもう一つの特徴は立体反転である．反応 7.1 に示したように求核種は C-Y 結合の背面から攻撃するので，反応中心となる炭素の立体配置が反転する．キラルな出発物を用いて反応させると，そのことが証明できる．

(R)-2-ブロモブタン　　　(S)-2-ブタノール
立体反転

例題 7.1

反応式を書くときには，構造式を線形表記で表すと，官能基が目立ってわかりやすい．上に示した (R)-2-ブロモブタンと HO⁻ との S_N2 を，線形表記で表した構造式を用いて書け．

解答　構造式の線形表記については，2.6 節を復習しよう．またキラル中心の立体化学に注意すること．

問題 7.1

次の求核置換反応の生成物は何か．

(a) ∧∧-Br + (CH₃)₂NH —EtOH→

(b) ∧∧-Cl + NaI —Me₂CO→

(c) C₆H₅CH₂Br + C₂H₅ONa —EtOH→   (d) (CH₃)₂CHCH₂Cl + NaCN —EtOH→

問題 7.2

次の化合物の組合せにおいて，S$_N$2 反応性はどちらが大きいか．
(a) CH₃CH₂CH₂Br と (CH₃)₂CHBr
(b) (CH₃)₃CCH₂Cl と (CH₃)₂CHCH₂Cl
(c) CH₃CH₂CH₂Br と CH₃CH₂CH₂Cl

問題 7.3

(R)-2-ブロモブタンをヨウ化物イオンと反応させた後に，ヒドロキシドと反応させると(R)-2-ブタノールが得られた．この反応がどのように起こったか，反応式で示せ．

問題 7.4

次の求核置換反応の生成物は何か．

(a) sec-BuCl (H, Cl 楔形) + NH₃ —H₂O→   (b) trans-1-bromo-3-methylcyclohexane + NaCN —EtOH→

(c) 1-(3-bromophenyl)ethyl bromide + C₂H₅ONa —EtOH→   (d) 3-bromo-1-chlorocyclohexene + CH₃SNa —EtOH→

7.1.2 S$_N$1 反応機構

前項で第三級アルキル化合物の求核置換は別の反応機構で起こっていると述べた．臭化 t-ブチルの反応の速度は，HO⁻ の濃度が低ければ [HO⁻] には依存しないで，速度 = k[RY] となる．すなわち，この反応は**一次反応**であり，律速段階には求核種が関与していない．その合理的な反応機構は，6.3 節（反応 6.4）で取り上げた**二段階反応**だ．

反応 7.2 に示すように，第一段階で RY がヘテロリシスを起こし，**カルボカチオン中間体**を生成する．ついで速やかに求核種 Nu⁻ と反応して置換を完結する．最初の律速段階に RY が 1 分子しか含まれないので**単分子反応**であり，**S$_N$1 反応**とよばれる．

$$R\text{−}Y \xrightarrow{\text{律速段階}} R^+ + Y^- \quad (\text{カルボカチオン中間体})$$

$$R^+ + Nu^- \xrightarrow{\text{速い}} R\text{−}Nu$$

反応 7.2 S$_N$1 反応機構

第三級アルキル化合物は，立体障害のため求核種の攻撃を受けにくいので S_N2 反応を起こしにくく，安定なカルボカチオン中間体を生成するので S_N1 反応を受けやすい．さらに，カルボカチオン生成過程で，中心炭素が sp^3 から sp^2 に混成変化し，理想的な結合角が $109.5°$ から $120°$ に広がる．その結果，第三級炭素の込み合いからくる立体ひずみが解消される．これも第三級 RY の S_N1 反応を促進する要因になっている．

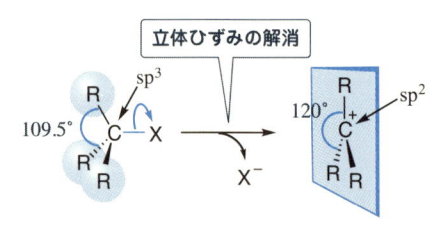

図 7.1 S_N1 反応における立体ひずみの解消

カルボカチオン中間体の生成は反応の立体化学にも影響する．求核種は平面状のカルボカチオンのどちらの面からでも中心炭素を攻撃できるので，生成物はほとんどラセミ化してしまう．

7.1.3 カルボカチオンの安定性

S_N1 反応は，カルボカチオン中間体が安定であるほど速い．アルキルカチオン R^+ は，第三級 > 第二級 > 第一級 の順に不安定になるので，この順に RY の反応性は下がる．第一級アルキルカチオンは通常の溶媒中では安定に存在できないので，第一級 RY は S_N1 機構では反応しない．

アルキル置換基が C^+ を安定化するのは，誘起効果として電子供与性であるだけでなく，アルキル基の隣接 σ 結合が共役に関与できるからである．結合性 σ 軌道と C^+ の空の 2p 軌道の相互作用によって σ 電子が非局在化して，カルボカチオンを安定化する(図7.2)．この非局在化は**超共役**とよばれる．

π 電子や非共有電子対との共役によって正電荷が非局在化できるようなカルボカチオンは非常に安定だ．

共役によるカルボカチオンの安定化：

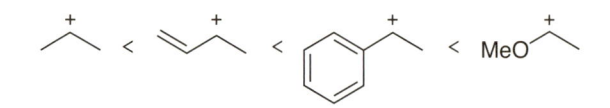

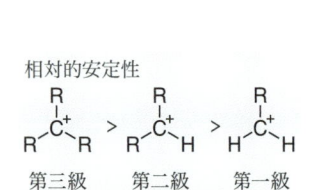

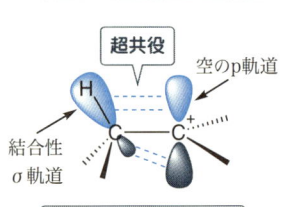

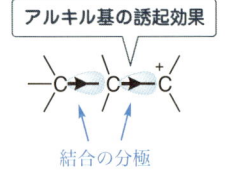

図 7.2 超共役と誘起効果によるカルボカチオンの安定化

> **問題 7.5**
> 共役安定化している上の三つのカルボカチオンを共鳴で表せ．

問題 7.6

次の化合物の組合せのうち S_N1 反応はどちらが速いか．その理由も書け．

(a) 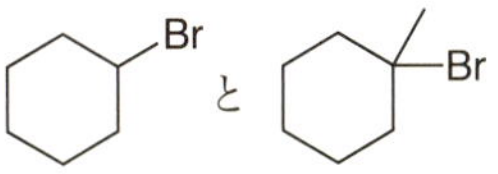 シクロヘキシル-Br と 1-メチルシクロヘキシル-Br

(b) 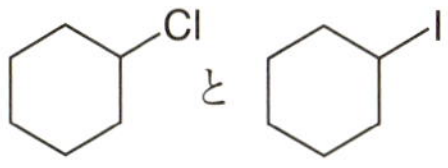 シクロヘキシル-Cl と シクロヘキシル-I

(c) 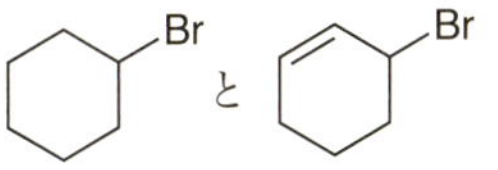 シクロヘキシル-Br と シクロヘキセニル-Br

(d) 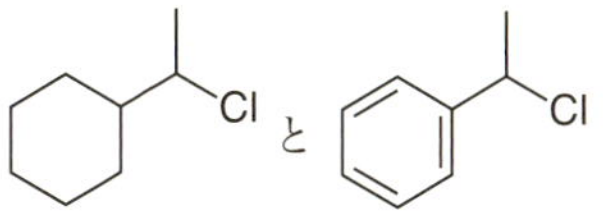 シクロヘキシル-CHCl-CH₃ と フェニル-CHCl-CH₃

7.1.4 S_N2 と S_N1 反応機構の競争

S_N2 反応は立体障害が大きく，S_N1 はカルボカチオン安定性によって促進される．したがって，第三級 RY は S_N1，第一級 RY は S_N2 だけを起こすと考えてよい．第二級 RY では S_N1 と S_N2 が競争し，反応条件によって機構が決まる．

二つの反応機構の大きな違いは，S_N2 で求核種の反応性が大きく影響するのに対して，S_N1 では無関係なことだ．したがって，強い求核種は S_N2 を起こしやすく，求核性の弱い条件では S_N1 が起こりやすい．弱い求核性をもつ溶媒(水，アルコールやカルボン酸)中で，ほかの求核種が存在しないと S_N1 反応が<u>加溶媒分解</u>として起こる．

第一級 RY：S_N2
第二級 RY：S_N1/S_N2
第三級 RY：S_N1

加溶媒分解では，溶媒分子が求核種になる．

問題 7.7

次の反応は S_N1 と S_N2 反応機構のどちらで起こりやすいか説明し，主生成物の構造を示せ．

(a) 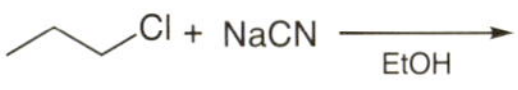 プロピル-Cl + NaCN →(EtOH)

(b) 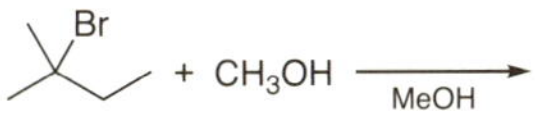 ネオペンチル-Br + CH₃OH →(MeOH)

(c) 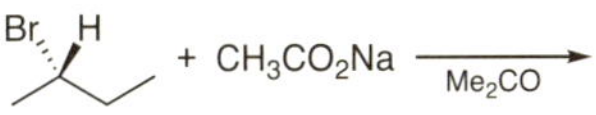 sec-ブチル-Br + CH₃CO₂Na →(Me₂CO)

(d) 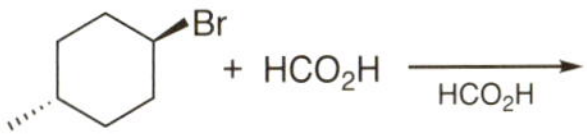 シクロヘキシル-Br + HCO₂H →(HCO₂H)

7.2 脱離反応

7.2.1 E1 反応機構

前節では置換反応だけに注目してきたが，たとえば，メタノール中における臭化 t-ブチルの単分子反応の生成物は置換体だけでなく，脱離生成物のアルケンもかなり生成してくる．ここで起こった置換反応は S_N1 反応だが，同時に起こる<u>単分子脱離反応</u>は <u>E1 反応</u>といわれる．

E1 反応は，カルボカチオン中間体から隣接炭素の水素（β水素という）が引き抜かれることによって起こる．共通のカルボカチオンに溶媒分子が求核種として C に反応すると S_N1 になるが，塩基として βH に反応すると E1 脱離になるのだ．

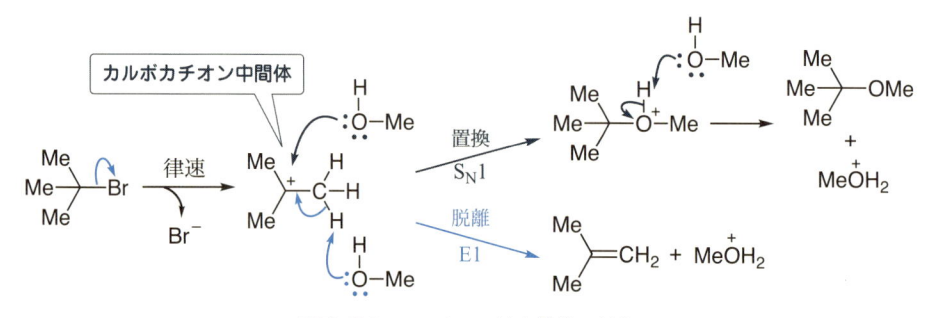

反応 7.3 S_N1 と E1 反応機構の競争

問題 7.8

次の反応における置換と脱離の生成物の構造を示せ．

(a) (構造式) $\xrightarrow{\text{MeOH}}$ (b) (構造式) $\xrightarrow{\text{EtOH}}$

7.2.2 E2 反応機構

前項で述べた臭化 t-ブチルの反応系に強い塩基（NaOMe）を加えると，その濃度に比例して速度が速くなり，アルケンが主生成物になる．

この条件では，反応速度が塩基濃度にも依存するので二次反応になり，中間体を経ないで反応している．この脱離反応は二分子的に進んでいるので E2 反応とよばれる．

この二分子反応では，反応 7.4 に示すように，C−H と C−Br の結合切断と C＝C 二重結合の生成が同時に（協奏的に）起こる．このとき C−H と C−Br 結合にかかわる分子軌道が相互作用して C−C の π 軌道をつくっていくために，H−C−C−Br 結合系は同一平面内にあってアンチ形の配座をとる必要がある．すなわち，H と Br が反対側から外れるので，この反応の立体化学はアンチ脱離といわれる．

アンチ脱離の結果，出発物のジアステレオマーによって生成するアルケンのシス・トランス異性が決まってくる．このように出発物の立体配置によって生成物の立体配置が決まるような反応を立体特異的反応という．S_N2 反応も立体特異的だ．

反応 7.4 E2 反応における結合開裂と二重結合の生成

問題 7.9
臭化 t-ブチルの E2 脱離反応において脱離する H と Br のアンチ形立体配座をニューマン投影式で示せ．

7.2.3 E1cB 反応機構

脱離反応では，RY から Y^- と H^+ が外れる．これらが同時に外れるのが E2 であり，Y^- が先に外れる極限が E1 反応だった．H^+ が先に外れてカルボアニオンを中間体とする反応も可能であり，**E1cB 機構**とよばれる．

E1cB の略称は中間体のカルボアニオンが RY の共役塩基(conjugate base)であり，律速段階が単分子的なカルボアニオンの分解過程であることから来ている．

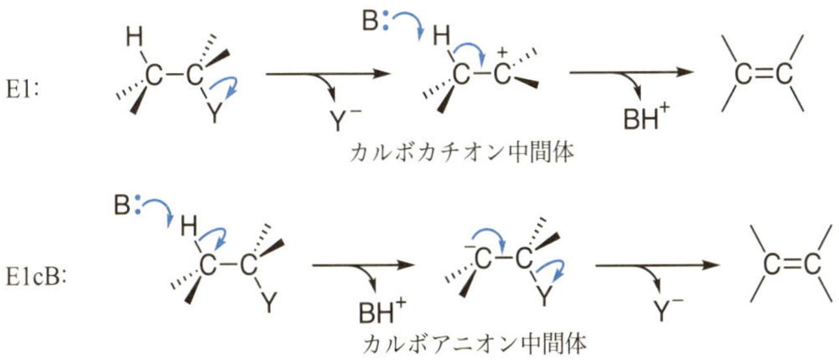

反応 7.5 脱離反応の二段階機構：E1 と E1cB 機構

E1cB 反応は，カルボアニオン中間体が安定で，Y が脱離しにくいときに起こる．その一例は，アルドールとよばれるケトアルコールの脱離だ(反応 7.6)．カルボアニオンが安定で，HO^- が脱離しにくい．

アルドールの生成反応については，13 章を参照のこと．

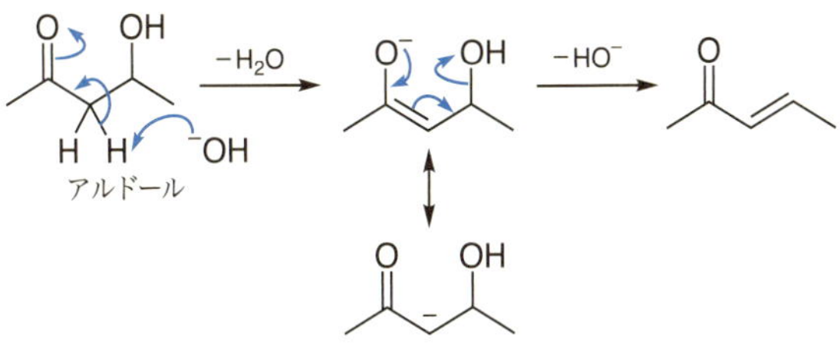

反応 7.6 アルドールの E1cB 反応

7.2.4 脱離反応の位置選択性

ハロアルカンのβ水素が2種類以上ある場合には，2種類以上のアルケンが生成する可能性がある．たとえば，次の反応では，S_N1生成物と2種類のアルケン(E1生成物)が生成する．アルケンのうちでは多置換アルケンの割合が多い．

Br
EtOH
OEt
64%
30%
6%
S_N1
E1

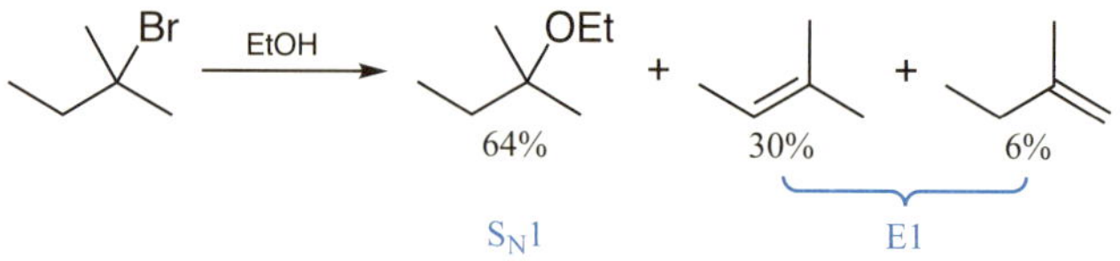

2-ブロモペンタンをアルコキシドと反応させると，E2反応で2種類のアルケンが生成する．この場合も，多置換アルケンの割合が多い．

Br
NaOMe
MeOH, 100℃
72%
28%

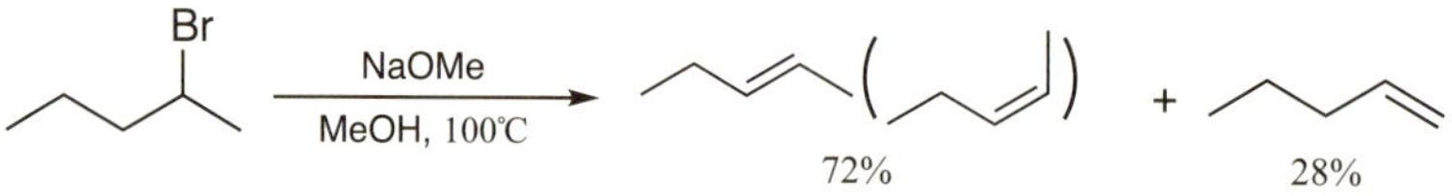

このように一般的に多置換アルケンを選択的に生成する傾向がある[*2]．これはアルキル置換基が二重結合を安定化するからだ．

しかし，水酸化トリメチルアンモニウムの熱分解（ホフマン分解ともいう）においては，末端アルケンを選択的に生じる．

加熱
$^+NMe_3OH^-$
主生成物

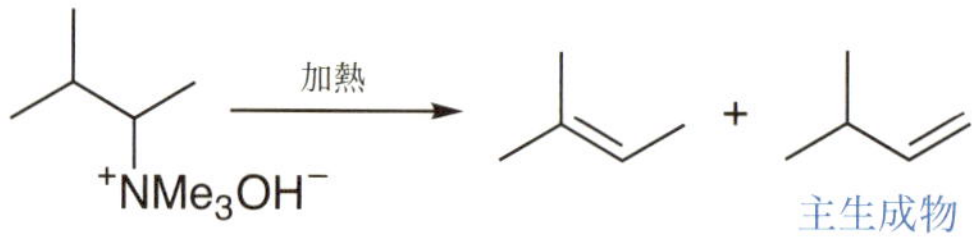

[*2] この傾向はザイツェフ(Zaitsev)則とよばれる

この結果は，アンモニオ基の特性による．この基は脱離能が低く，強い電子求引性でカルボアニオンを安定化するのに加えて，立体的にかさ高いので塩基が立体障害の小さい末端で反応しやすいのだ．置換基の少ないアルケンを生成する傾向はホフマン(Hofmann)則ともいわれる．

問題 7.10

次の反応で生成するアルケンの構造を示せ．また，主生成物はどれか．

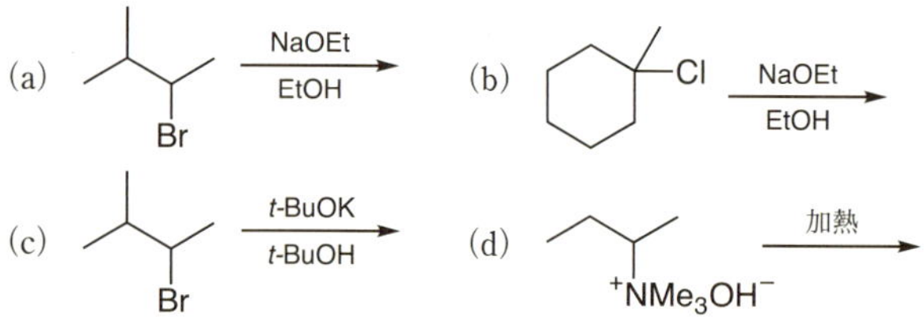

(a)
NaOEt
EtOH
Br
(b)
Cl
NaOEt
EtOH
(c)
t-BuOK
t-BuOH
Br
(d)
加熱
$^+NMe_3OH^-$

問題 7.11

次のフルオロアルカンの脱離反応では，末端アルケンのほうが優先的に生じる．その理由を説明せよ．

F
NaOMe
MeOH, 100℃
30%
70%

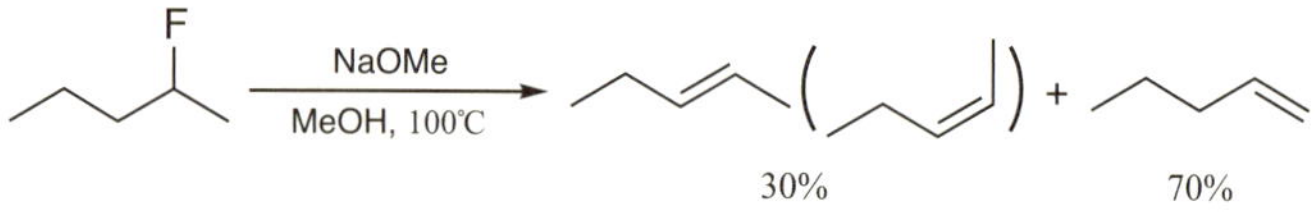

7.3 置換と脱離反応の競争

一般的に求核種(ルイス塩基)はブレンステッド塩基としてHを引き抜くこともできるので，置換と脱離は原理的に競争して起こり得る．第三級RYのS_N1とE1反応はつねに競争して起こり制御しにくい．二分子反応では，E2よりもS_N2が立体障害を受けやすいので，この事実を利用して選択性を制御できる．弱塩基性の高周期の求核種はS_N2を，かさ高い塩基はE2を優先的に起こす．表7.1に一般的傾向をまとめた．

表 7.1 アルキル化合物RYの置換と脱離反応

	求核性溶媒	弱塩基性求核種	強塩基性求核種	
	(H_2O, ROH, RCO_2H)	(I^-, Br^-, RS^-)	(EtO^-, MeO^-) [a]	(t-BuO^-) [b]
RCH_2Y（第一級）	反応しない	S_N2	S_N2	E2
R_2CHCH_2Y（分枝）	反応しない	S_N2	E2	E2
R_2CHY（第二級）	S_N1/E1（遅い）	S_N2	E2	E2
R_3CY（第三級）	S_N1/E1（速い）	S_N1/E1	E2	E2

[a] 立体障害が小さい塩基． [b] 立体障害が大きい塩基．

問題 7.12

次の反応において，置換と脱離のどちらが起こりやすいか説明し，主生成物の構造を示せ．

(a) (CH₃)₃C-Cl, 加熱, NaOH/H₂O

(b) シクロヘキシルヨージド + NaBr, Me₂CO

(c) イソブチル-Br, t-BuOK / t-BuOH

(d) イソブチル-Br + $C_2H_5NH_2$, Me₂CO

コラム ハロアルカンと環境 —— フロンによるオゾン層破壊

最近まで，**フロン**(CFC)とよばれるフルオロアルカン($CFCl_3$, CF_2Cl_2, CF_3Cl, CF_3CF_2Cl など)がエーロゾルの噴射剤や冷凍機の冷媒として用いられてきた．これらの化合物は，安定・無色無臭・無毒で，腐食性も引火性もない気体として，このような用途には理想的と考えられていたが，この安定性が環境問題の原因になった．大気中に放出されたこれらの物質は，分解することなく成層圏まで上昇していき，そこではじめて強い紫外線を受けてC–Cl結合のホモリシスを起こす．発生したCl·がオゾンとの連鎖反応を起こしてオゾンを分解する．オゾン層は，太陽光の紫外線を吸収するフィルターの役目をしているので，その破壊が起こると，短波長の紫外線が地表まで到達して，皮膚細胞のDNAを損傷して皮膚がんの原因をつくる．フロン(CFC)に替わる代替フロンとしてC–H結合をもつHCFC(CF_3CHCl_2)やHCF(CF_3CH_2F)が使われるようになった．これらは大気圏で分解される．

ハロアルカンと環境 —— ポリハロゲン化物の生態系への影響

かつて広く使われた殺虫剤の **DDT**(ジクロロジフェニルトリクロロエタン)は，自然界で分解されにくいために残留し，生物に対してホルモン様の作用をもつことが問題になり，いまでは使われない．

除草剤として用いられた **2,4-D**(2,4-ジクロロフェノキシ酢酸)も，大きな問題を起こした．これはトリクロロ体 (2,4,5-T) とともに，ベトナム戦争の"枯葉作戦"において"枯葉剤"としてアメリカ軍によって散布され，その不純物として含まれていた**ダイオキシン**(ポリクロロジベンゾジオキシン)が住民の間に奇形児を誕生させる原因となった．

DDT   2,4-D

一方，日本では食用油(コメ油)に，その製造過程で熱媒体として用いられたポリ塩化ビフェニル(PCB)が混入し，この油を摂取した人とその子どもに皮膚への色素沈着や肝機能障害などの健康被害を引き起こした(1968年)．この原因になったのは，コプラナー **PCB** とよばれる PCB そのものと PCB の加熱によって生じたポリクロロジベンゾフランによるものとわかった．

ダイオキシン類：

2,3,7,8-tetrachloro-dibenzo-1,4-dioxin   2,3,7,8-tetrachloro-dibenzofuran   polychlorobiphenyl (PCB)

ジオキシンはもともと O を 2 個含む六員環の不飽和ヘテロ環化合物をさしているが，テトラクロロジベンゾジオキシンがとくに高い毒性をもち，発がん性と催奇性を有する．類似の毒性を示すジベンゾフランさらにコプラナー PCB も含めてダイオキシン類ということが多い．ダイオキシンは農薬の不純物として含まれていただけでなく，廃棄物の焼却処理の過程で生じる可能性も問題になっている．PCB はかつて変圧器やコンデンサーの絶縁油にも広く用いられていたが，使用禁止後も焼却処理中に猛毒のダイオキシンが生成するため，その廃棄も容易ならないことになっている．

麻酔薬としてのポリハロ化合物

19 世紀にはクロロホルムが吸入麻酔薬として用いられた．しかし，これは深刻な不整脈を引き起こすなどの毒性がある．ジエチルエーテルがそれに取って代わったが，これは引火性の問題がある．その後ハロタン $CBrClHCF_3$ が用いられたが，これも副作用として肝炎を起こす可能性がある．現在ではセボフルラン $(CF_3)_2CHOCH_2F$ とイソフルラン $CF_3CClHOCHF_2$ のようなポリハロエーテルが，N_2O(笑気ガス)とともに吸入麻酔薬として用いられている．

8 chapter

飽和炭素における反応Ⅱ：アルコールとエーテルの反応

アルコールとエーテルの物理的性質は大きく異なる(3.3節参照)．アルコールのヒドロキシ官能基の酸性度については4章で学んだ．ヒドロキシ(OH)基とアルコキシ(OR)基をYで表せば，RYはハロアルカンと類似の構造になるが，HO$^-$とRO$^-$の脱離能が非常に小さいために，Cでの反応はそのままでは起こらない．しかし，酸触媒によってOがプロトン化されると，H_2OとROHが優れた脱離基となり，ハロアルカンRYと同様に，求核置換と脱離反応が起こるようになる．アルコールのOHは別の形で優れた脱離基に変換することもできる．

HO$^-$とRO$^-$はいずれも強塩基であり(pK_{BH^+} ～16)，脱離しにくい．

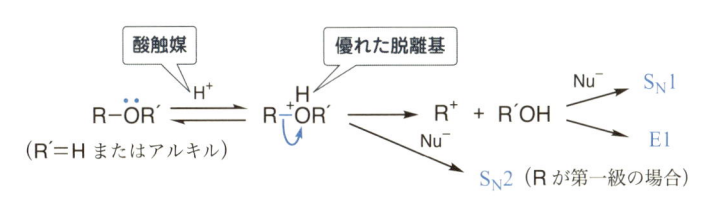

反応 8.1　アルコールとエーテルの酸触媒反応

8.1 酸触媒反応

求核種は一般的に塩基でもあるので，酸性条件で反応できる求核種は限られている．酸性でも求核性を失わないのは，ハロゲン化物イオンのI$^-$，Br$^-$，Cl$^-$だけといってよい[*1]．

[*1] HFは弱酸(pK_a 3.2)であり，F$^-$はpH＜3でプロトン化される．そのほかに酸性で反応できるのは，弱い求核性(塩基性)をもつ溶媒H_2O, ROH, RCO_2Hだ．

8.1.1 酸触媒求核置換反応

ハロゲン化水素(HX：X=I, Br, Cl)はアルコールと反応して，置換

HX は水溶液中では，ほとんど完全に H_3O^+ と X^- に解離している．

生成物のハロアルカンを与える．反応機構は，前章で学んだのと同じ原理で，S_N1 か S_N2 機構だ．第三級アルコールは弱い酸性条件でも反応するが，第二級，第一級になるにつれて反応性は下がる．

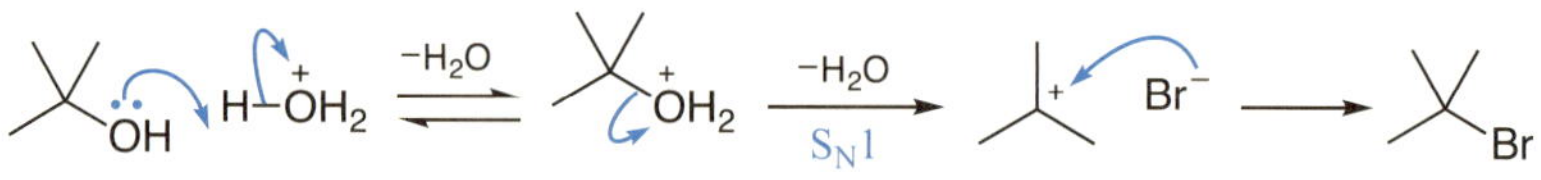

反応 8.2 第三級アルコールと臭化水素酸水溶液との反応

第一級アルコールは，濃 HI あるいは濃 HBr 中で S_N2 反応生成物を与えるが，塩化物を得るためには濃 HCl に $ZnCl_2$ を加えて反応する．

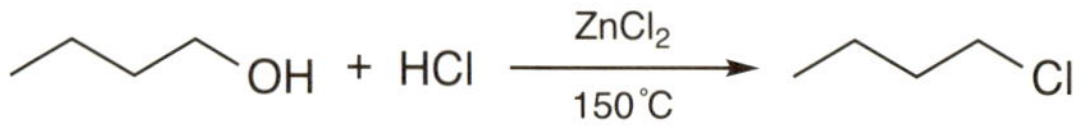

エーテルと HX の反応も同じように進むが，非対称エーテル（ROR′）では，どちらのアルキル基で反応するか問題になる．第三級アルキル基があれば，S_N1 で第三級カルボカチオンを生成するように進む．

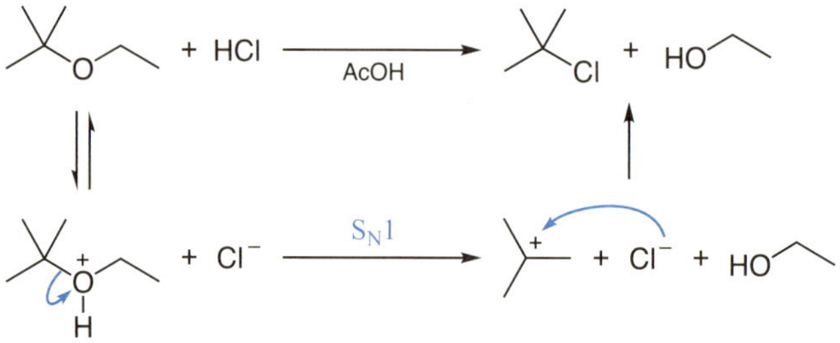

反応 8.3 第三級アルキルエーテルと HCl の酢酸中における反応

例題 8.1 2-エトキシプロパンをヨウ化水素酸水溶液中で反応させると，主としてエチル基側で開裂が起こる．その理由を説明せよ．

解答 ヨウ化物イオンは高い求核性をもつので S_N2 反応を起こしやすく，第一級アルキル基側で反応する．

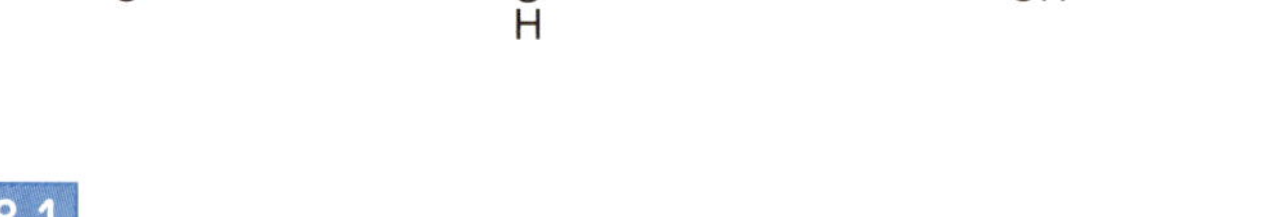

問題 8.1

次の構造異性体をヨウ化水素酸水溶液中で反応させると，反応はそれぞれどのように進むか，反応機構を示せ．

(a)  1-メチルシクロペンタノール（Me, OH） (b) 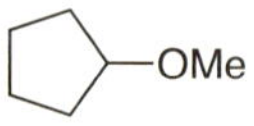 シクロペンチル OMe

問題 8.2

2-エトキシプロパンとヨウ化水素酸の反応では，例題 8.1 でみたように 2-プロパノールが生成する．しかし，長時間反応を続けると，さらに反応が進んで別の化合物が得られる．2-プロパノールの反応がどのように進むか示せ．

8.1.2 アルコールの酸触媒脱水反応

硫酸やリン酸の共役塩基アニオンは求核性に乏しいので，置換反応を起こさない．アルコールを硫酸やリン酸の存在下に加熱すると，脱離反応すなわち脱水反応が進行する[*2]．第二級と第三級アルコールは E1 機構で，多置換アルケンを選択的に与える．

[*2] アルコール自体が求核種となってエーテルを生成することもある．

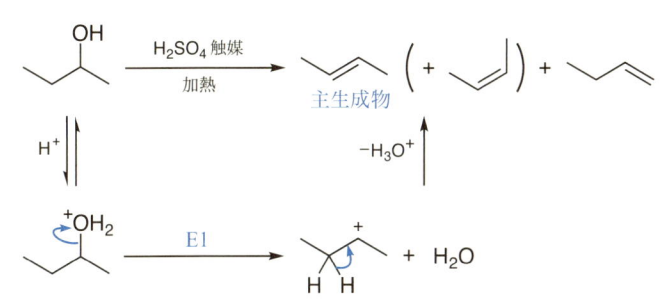

反応 8.4 アルコールの酸触媒脱水反応

しかし，第一級アルコールの脱水は E2 脱離機構で進むと考えられる．触媒量の H_2SO_4 を含むエタノールを 170℃ に加熱するとおもにエテンが得られるが，130℃ ではジエチルエーテルが主生成物になる．

問題 8.3

上に示したエタノールの二つの酸触媒反応の機構を書け．

問題 8.4

次のアルコールの酸触媒脱水反応で生成するアルケンの構造を書き，どれが主生成物になるか予想せよ．

(a)　(b)　(c)　(d)

8.1.3 カルボカチオンの転位

第二級アルコールの酸触媒反応において，中間体として生成する第二級カルボカチオンが転位してより安定な第三級カルボカチオンになることがよくある（反応 8.5）．このようなカルボカチオン転位は，隣接炭素から水素あるいはアルキル基が 1,2-移動することによって起こっており，カルボカチオンを介在するほかの反応にも一般的にみられる．

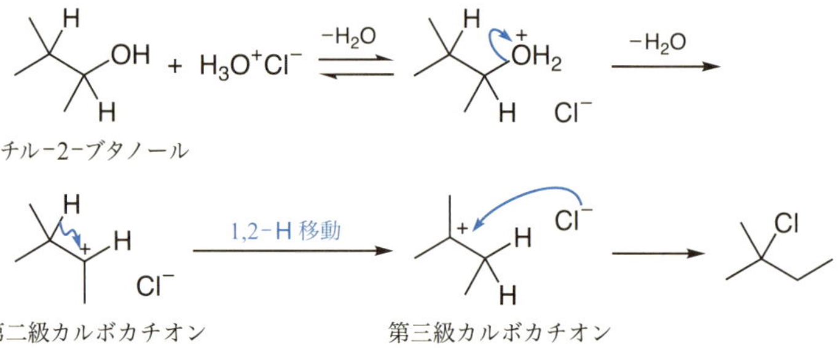

> 1,2-水素移動においては，H が結合電子対とともに H⁻（ヒドリド）の形で移動するので，1,2-ヒドリド移動とよばれることが多い．

反応 8.5 カルボカチオンの 1,2-水素移動による転位

次の E1 型の脱水反応では，1,2-メチル移動で転位が起こっている．

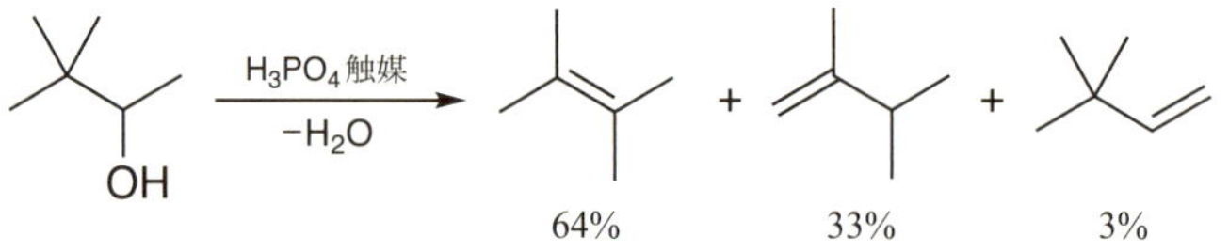

64% 33% 3%

問題 8.5
上に示した 3,3-ジメチル-2-ブタノールの脱水反応における転位がどのように起こるか示し，アルケン生成の選択性を説明せよ．

8.2 ヒドロキシ脱離基の変換

アルコールの OH は酸触媒がないと脱離できない．しかし，強酸のエステルに変換したり，硫黄やリン試薬と反応させたりすることによって脱離能を増強し，求核置換や脱離反応を起こすことができる．

スルホン酸エステルは，スルホナートが優れた脱離基であることから，ハロアルカンと同じように塩基性条件でも反応できる．

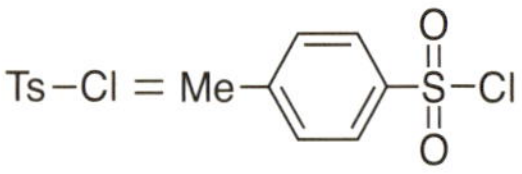

Ts-Cl = Me-C₆H₄-SO₂-Cl
塩化 p-トルエンスルホニル

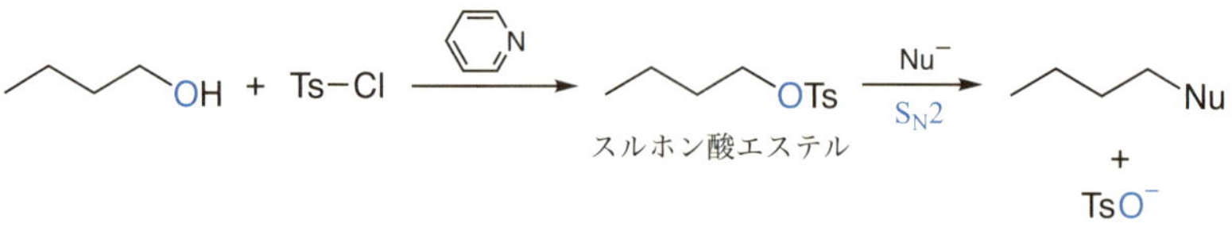

反応 8.6 スルホン酸エステルの生成と求核置換反応

塩化チオニル (SOCl$_2$) は塩素化剤としてよく使われる．反応系内でOHを優れた脱離基に変え，転位の心配なくOHをClに変換する．

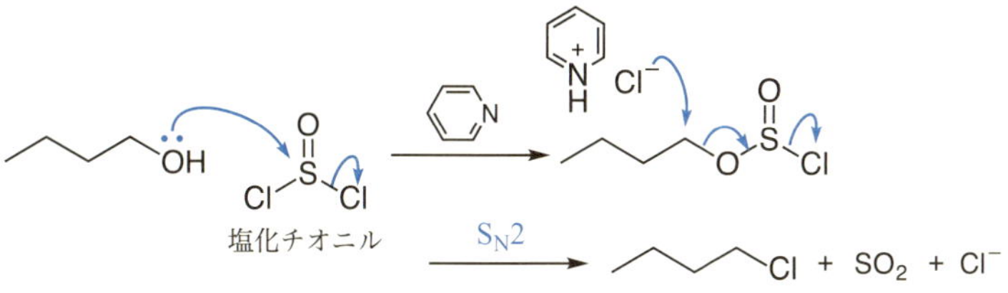

反応 8.7 塩化チオニルによるアルコールの塩素化

リンハロゲン化物 PCl$_5$，PBr$_3$ もアルコールのハロゲン化に用いられる．

問題 8.6
1-プロパノールから次の化合物を得るための反応を書け．
(a) CH$_3$CH$_2$CH$_2$Cl (b) CH$_3$CH$_2$CH$_2$Br (c) CH$_3$CH$_2$CH$_2$I
(d) CH$_3$CH$_2$CH$_2$CN

8.3 エポキシドの開環

三員環エーテルのエポキシド（オキシラン）は，環ひずみのために反応性が高く，酸触媒でも塩基触媒でも開環反応を起こす．

8.3.1 酸触媒開環反応

酸性条件におけるエポキシドの開環は，S$_N$1 かカルボカチオンに近い遷移状態を経る置換反応として置換基をもつ炭素側で反応する．

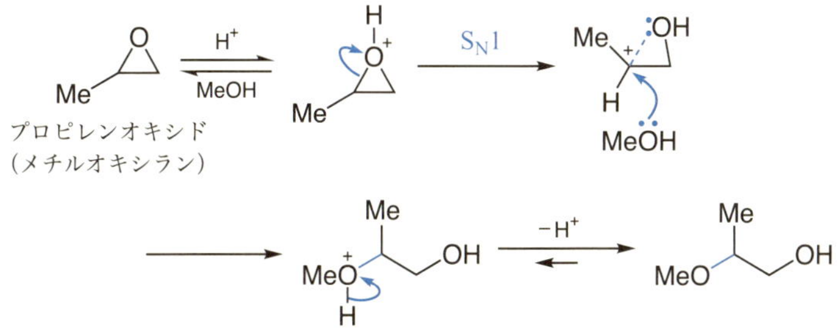

反応 8.8 エポキシドの酸触媒開環反応

8.3.2 塩基触媒開環反応

通常のエーテルと違って，エポキシドは強い求核種と触媒なしに反応する．アルコールや水中では，塩基触媒によって生じた RO$^-$ が S$_N$2 反応を起こす．したがって，求核種は置換基の少ない炭素を攻撃する．

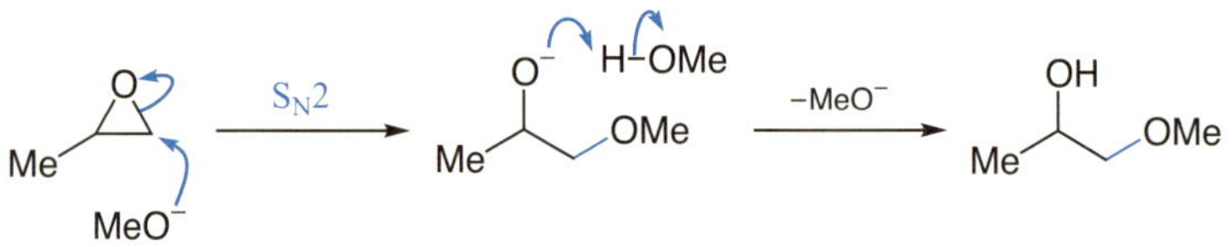

反応 8.9　エポキシドの塩基触媒開環反応

> **問題 8.7**
>
> メタノール中でスチレンオキシドを酸あるいは塩基存在下に反応させたとき生成する化合物の構造を示せ. 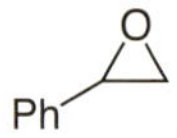
>
> スチレンオキシド（Ph = フェニル基）

> **問題 8.8**
>
> シクロヘキセンオキシドのアルカリ水溶液における開環反応の機構を示せ. 立体化学にも注意すること. 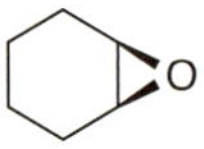
>
> シクロヘキセンオキシド

8.4　アルコールの酸化

アルコールの一般的な酸化剤は Cr(VI) の CrO_3 や $Na_2Cr_2O_7$ であり, 第一級アルコールは酸化されてアルデヒド, さらにカルボン酸になり（反応 8.10）, 第二級アルコールはケトンになる.

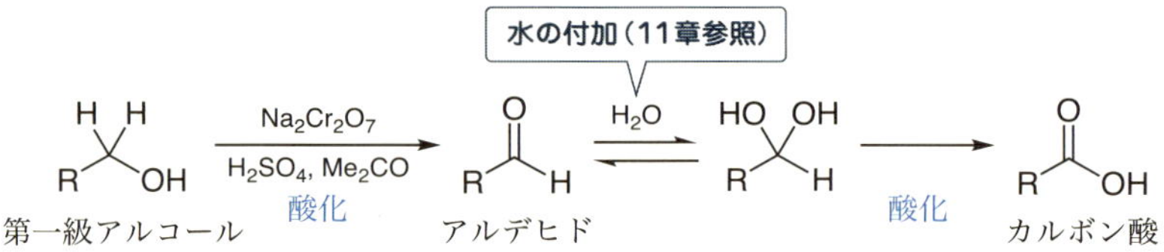

クロム酸酸化は, 中間体のクロム酸エステルからの脱離反応として起こるので, 脱離できる H が必要だ. 第三級アルコールは脱離できる H がないので酸化されない. 第一級アルコールの場合, アルデヒドに H_2O が付加できる（11 章）ためにカルボン酸まで酸化される.

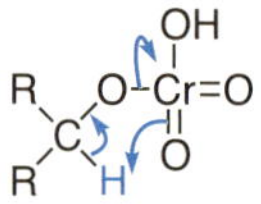

クロム酸エステル

反応 8.10　第一級アルコールのクロム酸酸化反応

第一級アルコールの酸化をアルデヒドで止めるためには, アルデヒドの水和が起こらないにように非水溶液で行う. CH_2Cl_2 溶媒中で PCC と

飲酒テスト

クロム酸酸化は, 反応の進行とともに反応溶液が二クロム酸イオン（$Cr_2O_7^{2-}$）のオレンジ色から Cr(III) の緑色に変化するので, 反応の進行を色で判別できる. この原理は, 交通取り締まりにおける飲酒テストに応用されている.

略称されるクロム酸化剤が用いられる.

第一級アルコール → アルデヒド (PCC, CH₂Cl₂)

PCC（クロロクロム酸ピリジニウム）

問題 8.9

次の酸化反応の生成物は何か.

(a) CH₃CH₂CH₂CH₂OH $\xrightarrow[\text{H}_2\text{SO}_4, \text{Me}_2\text{CO}]{\text{Na}_2\text{Cr}_2\text{O}_7}$

(b) CH₃CH₂CH₂OH $\xrightarrow[\text{CH}_2\text{Cl}_2]{\text{PCC}}$

(c) 2-ブタノール $\xrightarrow[\text{H}_2\text{SO}_4, \text{H}_2\text{O}]{\text{CrO}_3}$

(d) 2-ブタノール $\xrightarrow[\text{CH}_2\text{Cl}_2]{\text{PCC}}$

8.5 硫黄化合物

硫黄は酸素の第三周期同族元素である.チオール（メルカプタンともいう）とスルフィドはアルコールとエーテルに対応する.チオールはアルコールより高い酸性度をもつ（4章）にもかかわらず,求核反応性が高い（7章）.共役塩基のアルコキシドは強力な塩基として重要だが,チオラートは強力な求核種だ.

RSH　　RSR′
チオール　スルフィド

酸性度： $RSH > ROH$
求核性： $RSH > ROH$
　　　　$RS^- > RO^-$

低沸点のチオールやスルフィドは悪臭で悪名高いが,中にはいい香りのするものもある（香りはその濃度にもよる）.

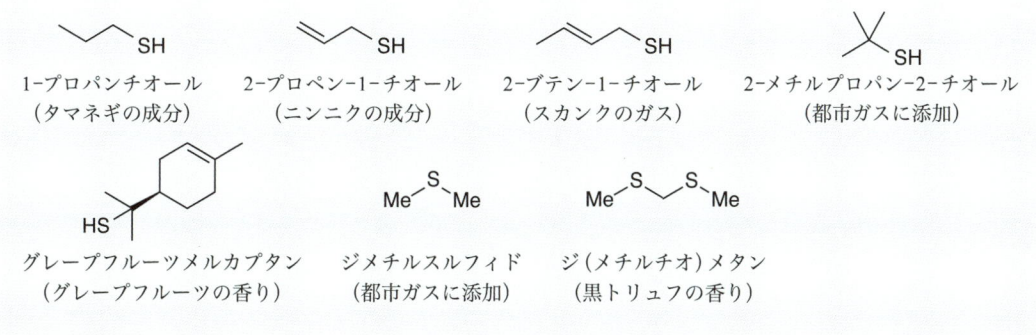

1-プロパンチオール（タマネギの成分）

2-プロペン-1-チオール（ニンニクの成分）

2-ブテン-1-チオール（スカンクのガス）

2-メチルプロパン-2-チオール（都市ガスに添加）

グレープフルーツメルカプタン（グレープフルーツの香り）

ジメチルスルフィド（都市ガスに添加）

ジ（メチルチオ）メタン（黒トリュフの香り）

アルコールにみられない反応に,チオールの酸化があり,温和な反応では安定なジスルフィドを与える.還元により容易に逆反応も起こる.

$$2\,R\text{-}SH \underset{\text{還元}}{\overset{\text{酸化}}{\rightleftharpoons}} R\text{-}S\text{-}S\text{-}R$$
チオール　　　　　ジスルフィド

システイン

チオールは生命科学でも重要であり,アミノ酸の一つ,システインはSHをもっている.タンパク質の三次構造は,システイン残基どうしがジスルフィド結合をつくって保っている.システインを含むトリペプチ

グルタチオン

ド補酵素のグルタチオンは生体内のあらゆる細胞に存在し，その還元作用で体内の有害な活性酸素物質を無害化したり，求核性を発揮して求電子性の有害物質を無毒化したりする．

問題 8.10

次の反応の生成物は何か．

(a) CH$_3$CH$_2$SH + ClCH$_2$CH$_2$OH $\xrightarrow[\text{EtOH}]{\text{NaOEt}}$

(b) C$_6$H$_5$SH + CH$_3$I $\xrightarrow[\text{EtOH}]{\text{Et}_3\text{N}}$

(c) CH$_3$CH$_2$SH + シクロヘキセンオキシド $\xrightarrow[\text{EtOH}]{\text{Et}_3\text{N}}$

(d) Br(CH$_2$)$_4$Br + Na$_2$S $\xrightarrow{\text{EtOH}}$

$$\underset{\text{スルホキシド}}{\text{R}-\overset{\text{O}}{\underset{}{\text{S}}}-\text{R}'} \qquad \underset{\text{スルホン}}{\text{R}-\overset{\text{O}}{\underset{\text{O}}{\text{S}}}-\text{R}'}$$

$$\underset{\text{スルホン酸}}{\text{R}-\overset{\text{O}}{\underset{\text{O}}{\text{S}}}-\text{OH}}$$

硫黄の原子価殻が第三電子殻であるために，スルホキシドやスルホンのような高配位化合物が可能になる．スルホン酸は有機強酸の一つであり，そのエステルの反応を8.2節でみた．

コラム

植物ホルモンとしてのエテン

エテン(エチレン)は，ごく微量で植物の成長調整剤として作用する．発芽や開花を調節し，果物の成熟を促進する．植物はアミノ酸のメチオニンからシクロプロパンカルボン酸を経て，数段階でエテンを発生する．

$$\underset{\text{メチオニン}}{\text{MeS-CH}_2\text{CH}_2\text{-CH(NH}_2\text{)-CO}_2\text{H}} \longrightarrow \underset{\substack{\text{1-アミノシクロ}\\\text{プロパンカルボン酸}}}{\text{cyclopropane-NH}_2\text{-CO}_2\text{H}} \longrightarrow \underset{\text{エテン}}{\text{H}_2\text{C=CH}_2} + \text{CO}_2 + \text{HCN}$$

バナナは，青いうちに収穫し，輸入し，出荷に合わせてエチレンガスで処理して熟させる．また，植物に吸収されて，植物ホルモンと同じようにエテンを制御して発生できる人工物質が開発されている．その一つは**エテホン**の名で知られる2-クロロエチルホスホン酸である．

$$\underset{\text{2-クロロエチルホスホン酸(エテホン)}}{\text{Cl-CH}_2\text{CH}_2-\overset{\text{O}}{\underset{}{\text{P}}}(\text{OH})_2}$$

これを用いて，パイナップルやトマトを均等に実らせたり，花の開花を調節したり，種々の農作物の成長制御が行われる．

9 chapter

不飽和結合における求電子反応 I：アルケンへの求電子付加

炭素-炭素二重結合のπ電子は，単結合のσ電子に比べると空間的に大きな広がりをもっているので，求電子種の攻撃を受けやすい．6章でもみたように（反応6.5），単純なアルケンの最も一般的な反応は求電子付加である．それに対して，ベンゼンとその誘導体の反応は，10章でみるように，求電子付加に続いて H^+ を出すので求電子置換反応になる．

9.1 アルケンへの求電子付加

求電子付加において，アルケンはπ結合電子対を求電子種 E^+ に出して結合をつくり，生成したカルボカチオン中間体が別の求核種 Nu^- と反応して付加を完結する（反応9.1）．

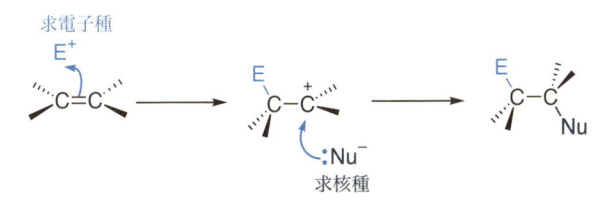

反応 9.1 アルケンの求電子付加反応

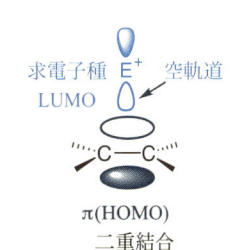

図 9.1 アルケンと求電子種の軌道相互作用
E^+ は，アルケンの分子面の上方から近づく．

アルケンの分子軌道をみると，結合性π軌道がHOMOで，求電子種のLUMOと相互作用して反応を起こす（図9.1）．

9.1.1 ハロゲン化水素の付加

ハロゲン化水素 HX はブレンステッド酸であり，求電子種としてプロトンを出して反応する．たとえば，HCl は2-メチルプロペンと反応し

HX の反応は，濃い水溶液か非水溶液中で行うが，水溶液ではほとんど完全に解離しているので，実際の求電子種は H_3O^+ だ．

て 2–クロロ–2–メチルプロパンを与える（反応 9.2）．

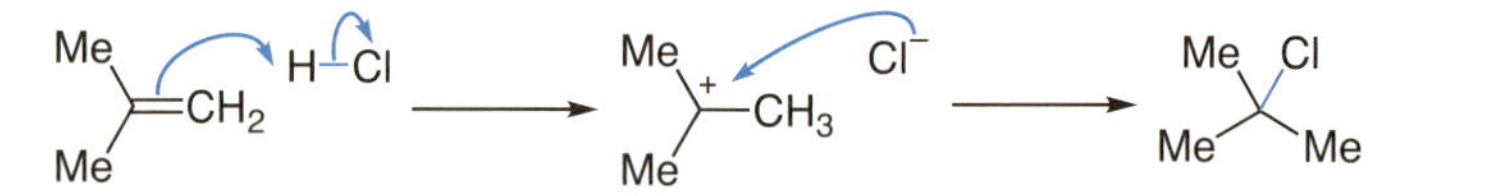
Me
Me
CH_2
H–Cl
Me
Me
CH_3
Cl^-
Me
Cl
Me
Me

2–メチルプロペン　　第三級カルボカチオン　　2–クロロ–2–メチルプロパン（塩化 *t*–ブチル）

反応 9.2　2–メチルプロペンへの HCl の付加反応

カルボカチオンの安定性：

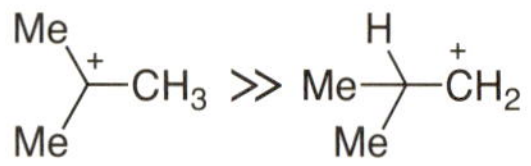
Me
CH_3
Me
≫
H
Me
CH_2
Me

第三級　　第一級

この反応の中間体は第三級カルボカチオンであり，その安定性がアルケンの反応性を決めている．プロトンが二重結合のもう一方の炭素に反応すると，不安定な第一級カルボカチオンが生じることになるので，次の反応は起こらない．

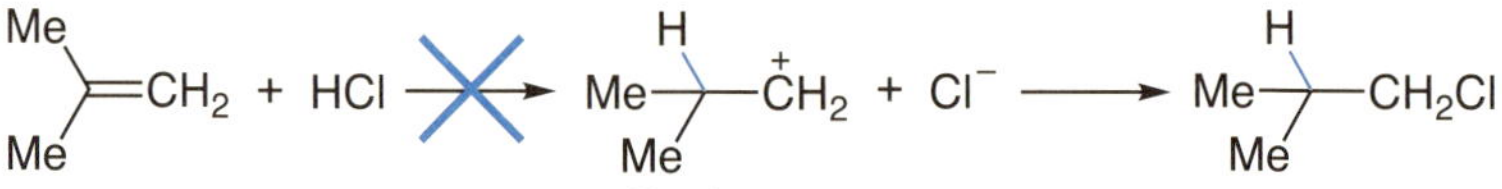
Me
CH_2
Me
+ HCl
H
Me
CH_2
Me
+ Cl^-
H
Me
CH_2Cl
Me

第一級カルボカチオン

この位置選択性は，V.V. Markovnikov（1838～1904，ロシア）によって見つけられ，"H^+ はより多くの H をもったアルケンの炭素に結合する" と表現され，マルコフニコフ則として知られている．

このように非対称なアルケンへの付加には攻撃位置の選択性があり，この位置選択性（配向性）はカルボカチオン中間体の安定性で決まる．

HBr や HI も同じように反応するが，HBr の場合には過酸化物があるとラジカル付加が起こり逆の位置選択性になる．この場合には Br· の付加が位置選択性を決めている．

問題 9.1

次の求電子付加反応の生成物は何か．

(a)
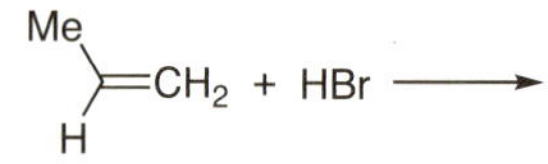
Me
CH_2
H
+ HBr

(b)
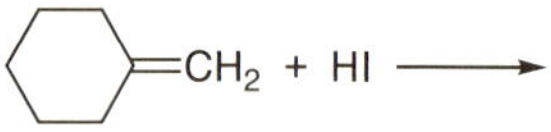
CH_2
+ HI

9.1.2　酸触媒水和反応

水は，酸触媒により，アルケンに付加してアルコールを与える．この反応は水和反応とよばれ，アルコールの酸触媒脱水（8.1.2 項参照）の逆反応だ．これらの反応は可逆である．

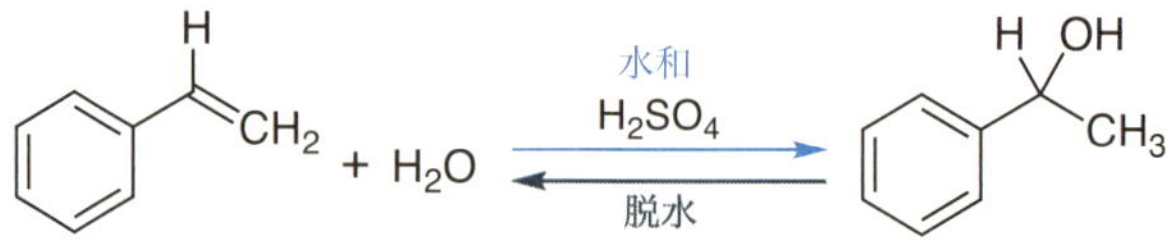
H
CH_2
+ H_2O
水和
H_2SO_4
脱水
H
OH
CH_3

スチレン　　1–フェニルエタノール

第一段階はプロトンの付加で，より安定なカルボカチオンを生成するように反応する．

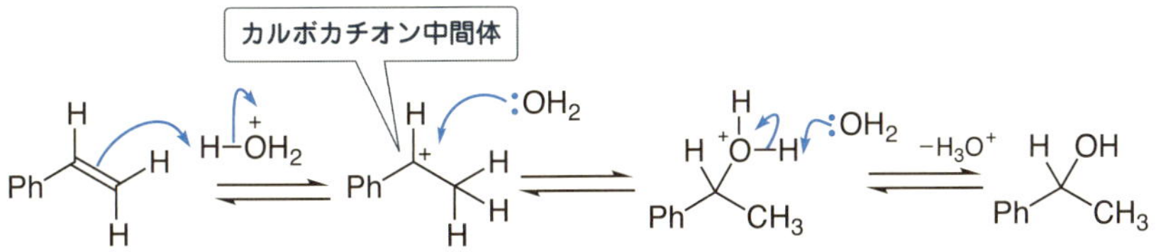

9.1 アルケンへの求電子付加

反応 9.3 スチレンの酸触媒水和反応の機構

問題 9.2
次のアルケンの酸触媒水和反応によって生成するおもなアルコールの構造を示せ．

(a) 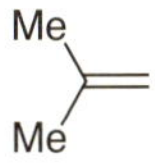 Me₂C=CMe₂ 相当の構造 (b) 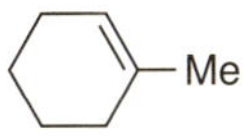 1-メチルシクロヘキセン

9.1.3 オキシ水銀化とヒドロホウ素化

酸触媒水和反応は，反応性の低いアルケンではうまく進まない．その場合でも，オキシ水銀化を使えば酸触媒水和と同じ選択性でアルコールが得られる．この反応には酸性条件を使う必要がなく，カルボカチオン中間体を経ないので転位も起こらない．

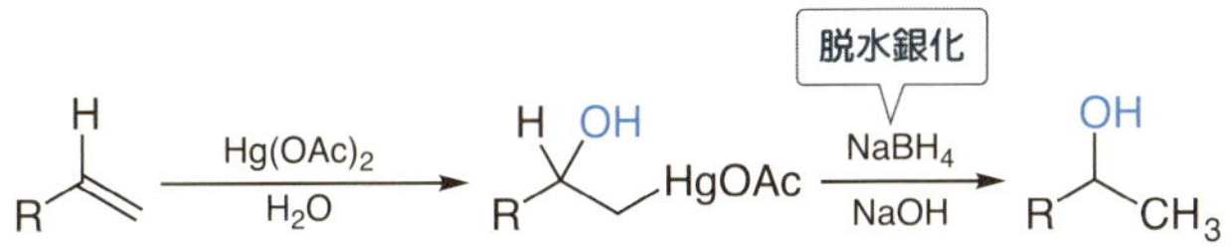

反応 9.4 オキシ水銀化の反応機構と脱水銀化によるアルコールの生成 (Ac＝CH₃CO)

アルケンからアルコールを得るもう一つの有用な方法は，ヒドロホウ素化＋酸化で，酸触媒水和とは逆の選択性でアルコールを与える．

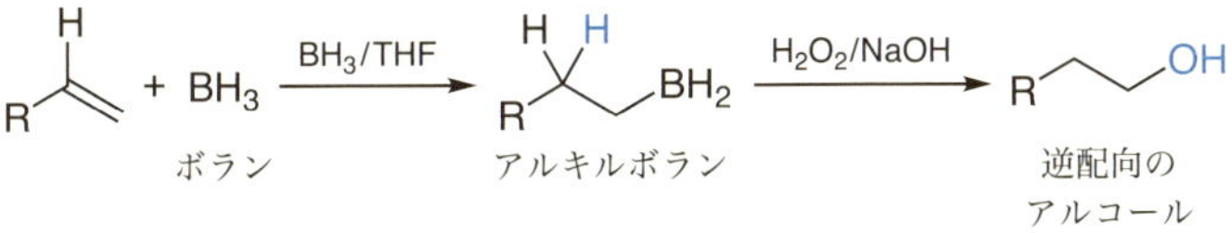

反応 9.5 ヒドロホウ素化と酸化によるアルコールの合成

ヒドロホウ素化は，H.C. Brown（1912～2004，米国，1979年ノーベル化学賞受賞）によって開発された．BH_3 は非極性溶媒中では二量体 B_2H_6 になっている．また，RBH_2 も反応できるので，BH_3 は3当量のアルケンと反応できる．

Bの電気陰性度が小さいので，B－H結合の分極は $\overset{\delta+}{B}-\overset{\delta-}{H}$ となっており，BH_3 は求電子種として反応し，立体障害も大きい．そのためにB（→ OH）は置換基の少ない炭素に結合する．

問題 9.3
1-ブテンのオキシ水銀化-脱水銀化およびヒドロホウ素化-酸化によって生成するアルコールの構造を示せ．

問題 9.4
適当なアルケンから次のアルコールを合成する方法を反応式で示せ．
(a) 3-メチル-1-ペンタノール (b) 3-メチル-2-ペンタノール
(c) 3-メチル-3-ペンタノール

9.1.4 ハロゲンの付加

ハロゲン分子の結合は弱く，LUMOのエネルギー準位が低いので，求電子種として反応できる．中間体は単純なカルボカチオンではなく，三員環の**ハロニウムイオン**となる場合が多い．たとえば，プロペンへの臭素の付加は反応9.6のように進む．

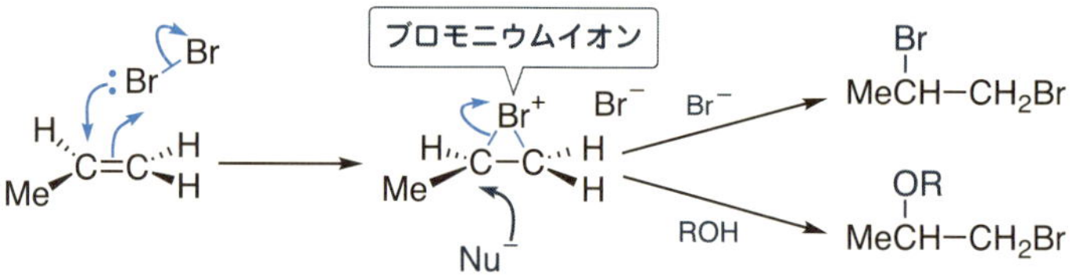

反応 9.6 プロペンへの臭素の付加反応

二段階目はハロニウム三員環の開環で，求核種(X^-または溶媒など)はC−Br結合の反対側から攻撃するので，全体として**アンチ付加**になる．求核種の攻撃は立体障害から予想されるのとは逆に，アルキル置換基のある側に起こる．これはハロニムイオンの電荷の偏りのためだ[*1]．

[*1] この反応性は，エポキシドの酸触媒開環とよく似ている(8.3.1項参照)．

問題 9.5
次の反応の主生成物は何か．

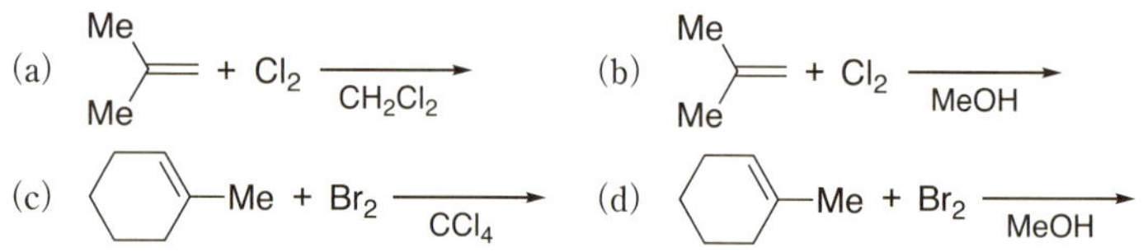

(a) Me$_2$C=CH$_2$ + Cl$_2$ →(CH$_2$Cl$_2$)
(b) Me$_2$C=CH$_2$ + Cl$_2$ →(MeOH)
(c) シクロヘキセン-Me + Br$_2$ →(CCl$_4$)
(d) シクロヘキセン-Me + Br$_2$ →(MeOH)

9.2 アルキンへの付加

アルキンの三重結合もアルケンと同じように反応するが，反応性は低い．ハロゲン化水素やハロゲンは2当量反応できる．

水和反応は酸触媒だけでは起こりにくく，オキシ水銀化が効率よく進む．生成物のエノール[*2]はただちにプロトン化され，生成したプロト

[*2] 二重結合に直接OHが結合したアルコールをエノール(enol)という．OHは非共有電子対をもつので強い電子供与基として働き，プロトン化を受けやすい．ケト・エノール互変異性については13章で述べる．

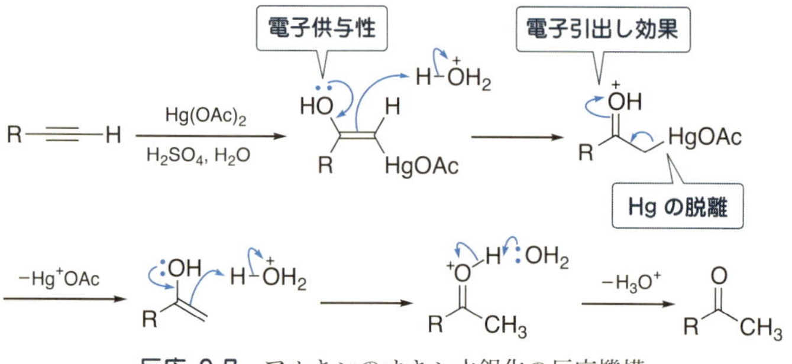

反応 9.7 アルキンのオキシ水銀化の反応機構

ン化カルボニル基が強く電子を引き出すので、そのまま Hg は外れてしまう。生成物はケトンだ。アルキンのヒドロホウ素化–酸化では、配向性が逆になるので、アルデヒドかケトンが得られる。

問題 9.6

次の反応の各段階の生成物 A〜D の構造を示せ。

(a) $CH_3C \equiv CH \xrightarrow{HCl}_{AcOH}$ (A) $\xrightarrow{HCl}_{AcOH}$ (B)   (b) $PhC \equiv CH \xrightarrow{Br_2}_{CH_2Cl_2}$ (C) $\xrightarrow{Br_2}_{CH_2Cl_2}$ (D)

問題 9.7

末端アルキン $RC \equiv CH$ のオキシ水銀化ではメチルケトンが生成し、ヒドロホウ素化–酸化ではアルデヒドが生成することを説明せよ。

9.3 ブタジエンへの 1,2-付加と 1,4-付加

共役二重結合をもつ 1,3-ブタジエンに対する付加反応では、一般的に単純な付加物のほかに二重結合が移動した生成物も得られる。たとえば、反応 9.8 の HBr 付加にみられるように、二つの生成物の H と Br の位置がもとのブタジエンの 1,2 位と 1,4 位に相当するので、反応はそれぞれ **1,2-付加** と **1,4-付加**（共役付加ともいう）といわれる。

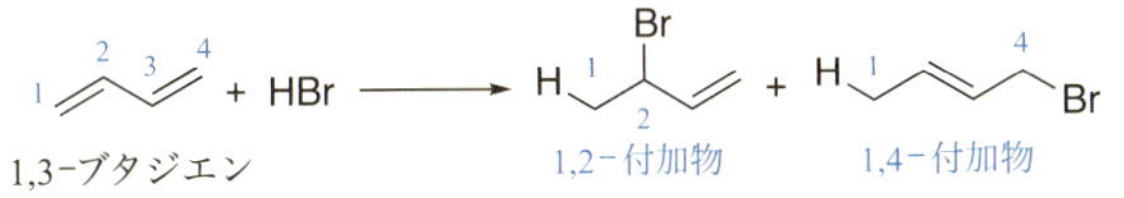

	1,2-付加物	1,4-付加物
−80 ℃	80%	20%
45 ℃	15%	85%
	（速度支配）	（熱力学支配）

反応 9.8 1,3-ブタジエンへの HBr の 1,2-付加と 1,4-付加

この結果は中間体がアリル型カチオンであることによる（反応 9.9）。

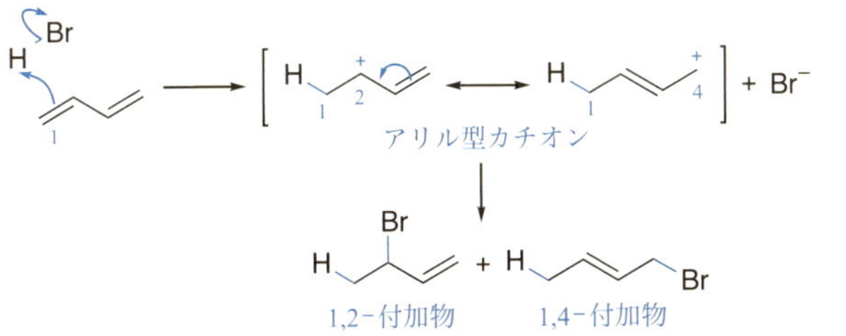

反応 9.9 1,2-付加と 1,4-付加におけるアリル型カチオン中間体

1,2- と 1,4-付加の比率は、温度により変化する。低温では 1,2-付加が優先されるが、反応温度が高くなると 1,4-付加が支配的になる（反応 9.8）。また、低温で生成した 1,2-付加物は温度を上げると 1,4-付加物に異性化する。このことは、1,2-付加物の末端アルケンよりも 1,4-付

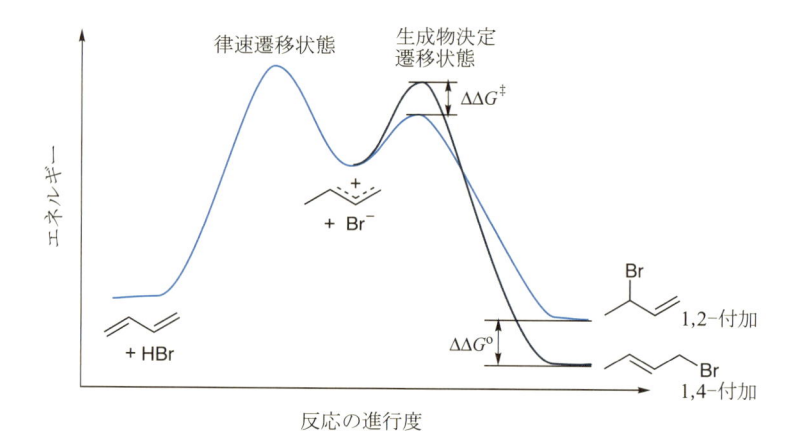

生成物比は，速度支配の条件では生成物決定段階(第二段階)の活性化エネルギー差$\Delta\Delta G^{\ddagger}$で決まり，熱力学支配の条件では生成物のエネルギー差$\Delta\Delta G^{\circ}$で決まる．

図 9.2 1,3-ブタジエンへの 1,2-付加と 1,4-付加のエネルギー関係

加物の内部アルケンのほうが安定であり，付加反応が可逆であることを意味する．低温で，反応時間が短い間に不安定な 1,2-付加物が生成してくるのは，1,2-付加が速いからで，この反応の遷移状態が 1,4-付加の遷移状態よりもエネルギー的に低いことを意味する(図 9.2)．温度を上げ，長時間反応させると，不安定な 1,2-付加物からの逆反応が起こり，より安定な 1,4-付加物の比率が増してくる．このように反応速度によって生成物比が決まる反応は**速度支配**，生成物の安定性によって生成比が決まる反応は**熱力学支配**であるといわれる．

問題 9.8
1,3-ブタジエンへの HBr の付加において，2 位へのプロトン化はなぜ起こらないのか．

問題 9.9
次の共役ジエンの反応における 1,2-付加と 1,4-付加の生成物の構造を示せ．

(a) ～～ + Br$_2$ $\xrightarrow{\text{CH}_2\text{Cl}_2}$ (b) ～～ + HCl $\xrightarrow{\text{Et}_2\text{O}}$

9.4 ディールス・アルダー反応

*3 このジエンとアルケンの付加環化反応は**ディールス・アルダー(Diels–Alder)反応**とよばれる．二つの結合生成が協奏的に起こり，遷移状態は環状に6電子が関与しているので，芳香族的だといえる．

共役ジエンは，ほかの不飽和結合と 1,4 位で反応してシクロヘキセン構造を形成できる[*3]．単純なブタジエンとエテンの反応は非常に遅いが，次のように書ける．

遷移状態

反応のアルケン成分は**ジエノフィル**とよばれ，電子求引基をもち求電子的になると反応しやすくなる[*4]．ジエンとジエノフィルの間の二つの結合生成は同時に起こるので，シス・トランス立体化学は保持される．

[*4] このときジエンは求核的に働くので，ジエンのHOMOとジエノフィルのLUMOの相互作用が反応性を決めているといってよい．

問題 9.10

次のジエンとジエノフィルの組合せで生成するディールス・アルダー反応付加物の構造を示せ．

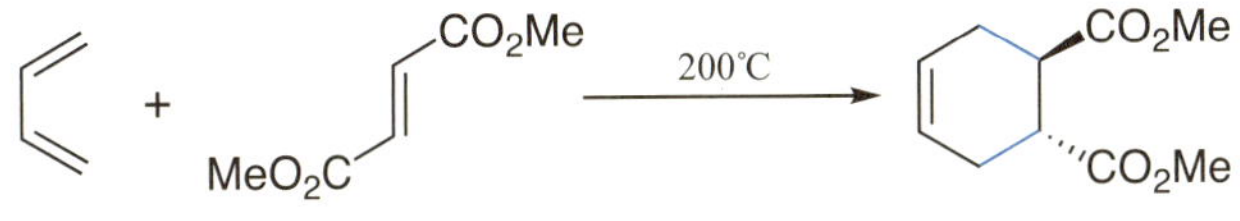

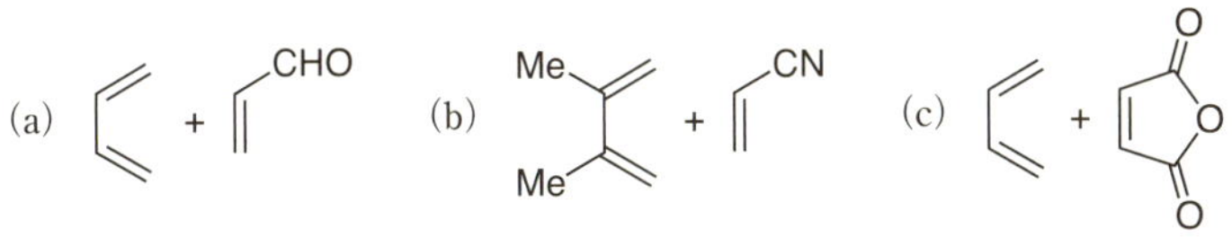

(a) ジエン + CHO (b) Me/Me ジエン + CN (c) ジエン + 無水マレイン酸

9.5 アルケンの酸化反応

過酸 (RCO_3H) はカルボニル基に$-O-O-H$の結合をもつ．$O-O$結合は弱く，カルボキシラートが脱離基になるので，HOの酸素が求電子的に反応し，アルケンからエポキシドを生成する(エポキシ化)．

過酸はペルオキシカルボン酸ともよばれ，*m*-クロロ過安息香酸 (MCPBA) がよく使われる．

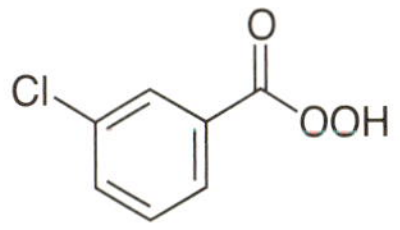

m-chloroperbenzoic acid (MCPBA)

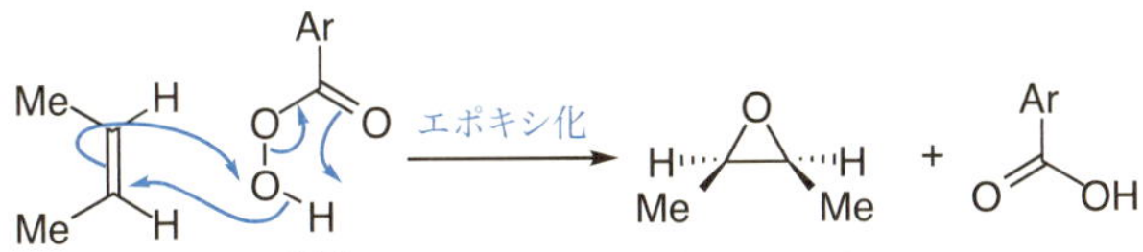

cis-2-ブテン + 過酸 → *cis*-2,3-ジメチルオキシラン + ArCOOH

アルケンは，水溶液中で過マンガン酸カリウムと反応させるか，四酸化オスミウムと反応させたあとNa_2SO_3やNa_2Sで処理すると，*cis*-1,2-ジオールを与える．すなわち，**ジヒドロキシル化**が**シン付加**で起こる．

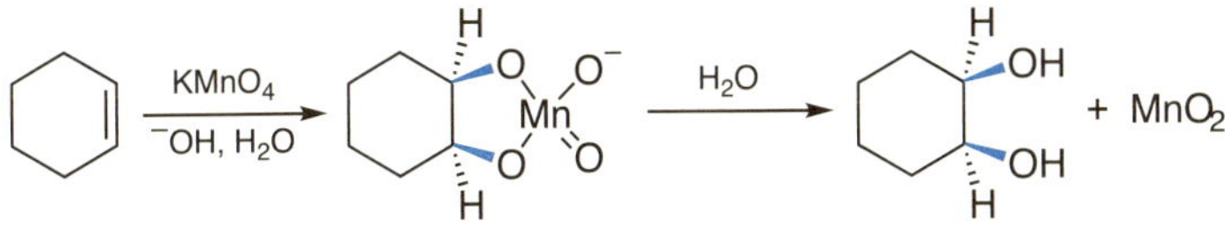

エポキシ化反応は，アルケンとBr_2からブロモニウムイオンが生成する反応(反応9.6)と似ている．エポキシドの反応については，8.3節で学んだ．

シクロヘキセン $\xrightarrow{KMnO_4, -OH, H_2O}$ → $\xrightarrow{H_2O}$ *cis*-1,2-シクロヘキサンジオール + MnO_2

シクロヘキセンを過酸でエポキシ化し，生成したシクロヘキセンオキシドを塩基性水溶液で反応すると*trans*-1,2-シクロヘキサンジオールが得られる(8章，問題8.8参照)．

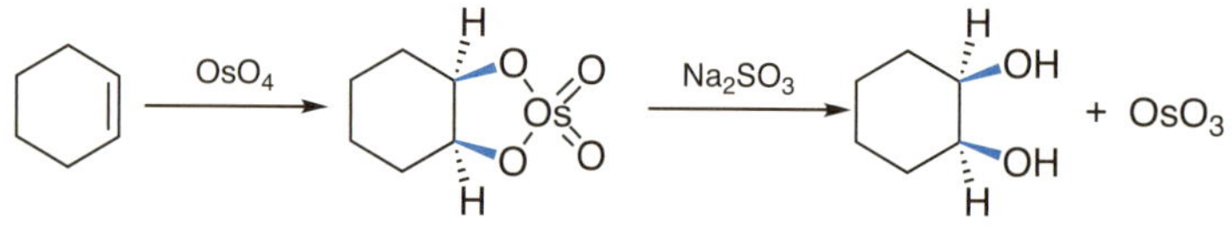

オゾン O_3 は C=C 結合にすばやく付加し，C=C 結合を開裂して五員環の**オゾニド**を生じる．オゾニドを還元的に(Zn, H_2/Pd, あるいは Me_2S で)処理すると 2 分子のアルデヒドまたはケトンになり，H_2O_2 で酸化的に処理するとケトンあるいはカルボン酸になる．

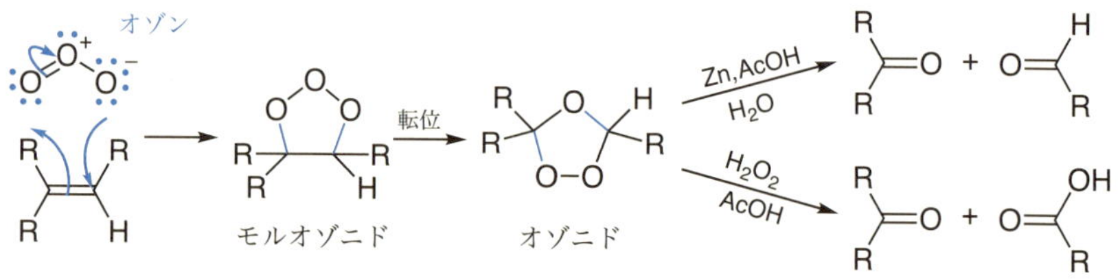

反応 9.10 アルケンのオゾン分解

問題 9.11

次の反応の主生成物は何か．

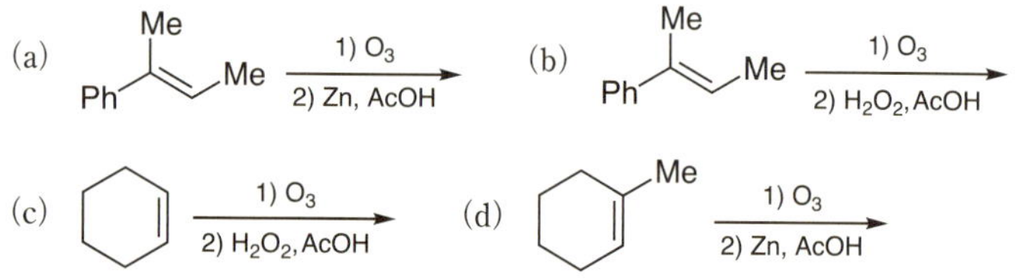

(a) PhC(Me)=CHMe　1) O_3　2) Zn, AcOH

(b) PhC(Me)=CHMe　1) O_3　2) H_2O_2, AcOH

(c) シクロヘキセン　1) O_3　2) H_2O_2, AcOH

(d) 1-メチルシクロヘキセン　1) O_3　2) Zn, AcOH

9.6 水素の付加

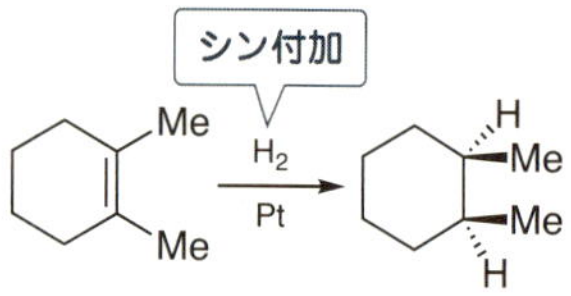

水素は Pt, Pd, Ni などの金属触媒存在下にアルケンに付加してアルカンを生成する．金属表面に吸着された H_2 が 1 段階で同じ側から付加(**シン付加**)する．水素付加は，水素化あるいは水素添加ともいわれる．

アルキンも同じ条件で水素化されるが，最初に生成するアルケンを単離することは難しく，2 当量の H_2 と反応してアルカンになる．

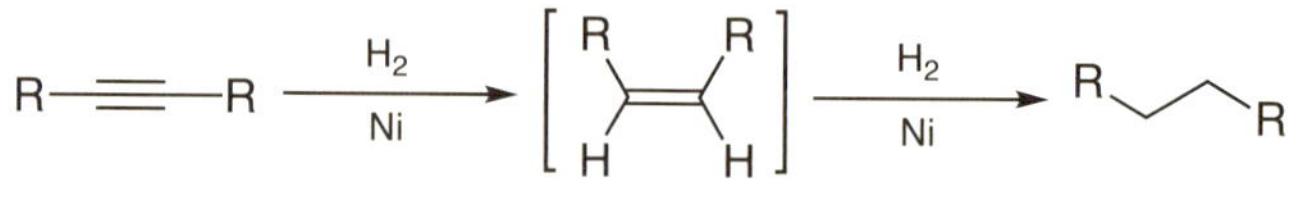

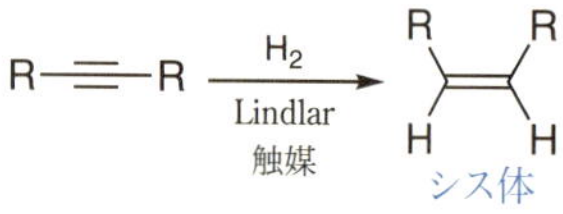

アルケンを得るためには，不活性化した触媒 (たとえば，Lindlar 触媒: $Pd/CaCO_3/Pb$) を用いる．

10 chapter

不飽和結合における求電子反応Ⅱ：芳香族求電子置換反応

ベンゼンはπ電子を豊富にもっているので，アルケンと同様に求電子種の攻撃を受けやすい．しかし，アルケンとちがって簡単には反応しない．たとえば，シクロヘキセンは Br_2 とただちに反応して付加物を与えるのに，ベンゼンはルイス酸を加えてはじめて反応する．しかも，反応の結果は付加ではなく置換だ．

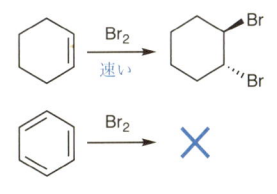

10.1　求電子付加と付加-脱離による置換

ベンゼンの臭素化は，反応 10.1 に示すように，ルイス酸（$FeBr_3$ や $AlBr_3$）が Br_2 分子を活性化することによって起こる．求電子性が高く求核種と反応してベンゼン環の芳香族性を失うよりも，塩基による脱プロトン化（置換）でベンゼン環を復活したほうが有利な過程となる．ここでは芳香族性が反応選択性の決め手になっている．この競争反応は，ハロアルカンの S_N1 置換と E1 脱離の競争に似ている（7.2.1 項参照）：カルボカチオンと求核種の反応が S_N1 置換で，塩基による脱プロトン化が E1 脱離だった．

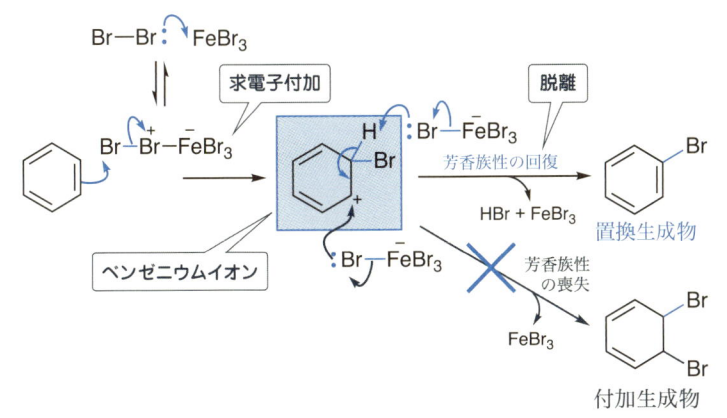

反応 10.1　求電子付加-脱離による置換反応の例

なったBrがベンゼンと反応してカルボカチオン(**ベンゼニウムイオン**)を与える．この中間体は求核種と反応して付加物になるよりも，脱プロトン化してベンゼン環を復活し，置換生成物になる．すなわち，ベンゼンは**求電子付加-脱離**の結果，ベンゼン環の芳香族性を回復して安定になることにより**求電子置換反応**を起こす．これが，ベンゼンとその誘導体(芳香族化合物)の一般的な反応だ．

ベンゼニウムイオンは共鳴安定化を受けてはいるが，ベンゼンの芳香族性による安定化ほどではない．ベンゼン環の大きな芳香族安定性が，低反応性の原因であり，また置換反応の推進力になっている．

中間体の**ベンゼニウムイオン**の正電荷は，共鳴で示されるように非局在化しており，**1a** あるいは **1b** のように表すこともできる．部分正電荷は求電子種の付加位置からみて，オルトとパラ位に分布している．

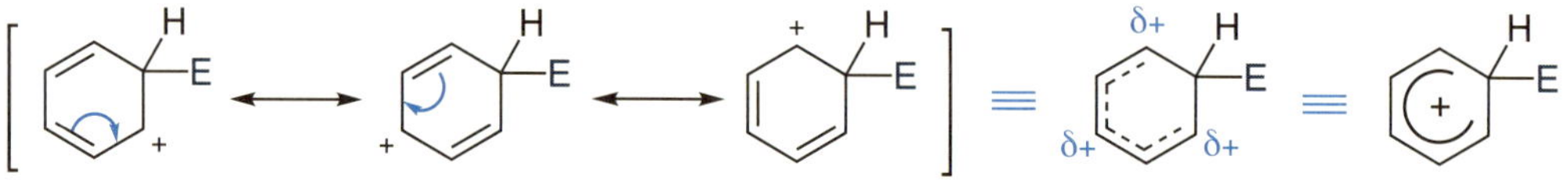
H
E
+
δ+

ベンゼニウムイオンの共鳴　　**1a**　　**1b**

10.2　芳香族求電子置換反応の種類

ベンゼンの求電子置換反応は，求電子種をE−Bとすると，一般式で反応10.2のように書ける．

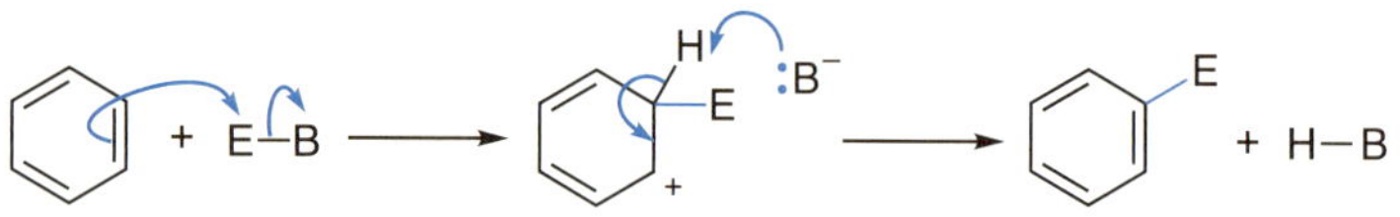
+ E−B
H
E
:B⁻
+
E
+ H−B

反応 10.2　芳香族求電子置換反応

置換反応は，求電子種の種類によって分類できる(反応10.3)．

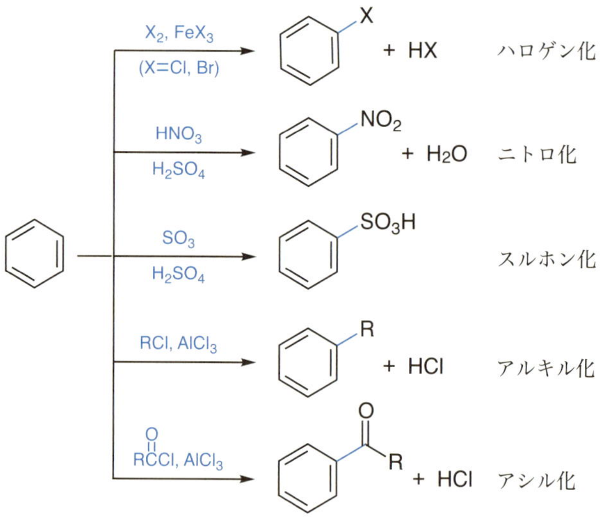
X₂, FeX₃
(X=Cl, Br)
X
+ HX
ハロゲン化
HNO₃
H₂SO₄
NO₂
+ H₂O
ニトロ化
SO₃
H₂SO₄
SO₃H
スルホン化
RCl, AlCl₃
R
+ HCl
アルキル化
O
RCCl, AlCl₃
O
R
+ HCl
アシル化

反応 10.3　種々の芳香族求電子置換反応

10.2 芳香族求電子置換反応の種類

ハロゲン化：　臭素化の例を上でみたが，塩素化も Cl_2 とルイス酸触媒（AlX_3, FeX_3）によって同じように起こる．

ニトロ化：　ニトロニウムイオン（NO_2^+）を求電子種とする置換反応であり，NO_2^+は硝酸と硫酸の平衡反応で生じる．

硝酸　　硫酸　　　　　　　　　　　　　　　ニトロニウムイオン

スルホン化：　濃硫酸あるいは発煙硫酸を用いると三酸化硫黄あるいはそのプロトン化形が求電子種になる．スルホン化は可逆であり，スルホン酸を希硫酸とともに加熱するとスルホン酸基が外れる．

$$H_2SO_4 \rightleftharpoons SO_3 + H_2O$$

三酸化硫黄

ベンゼンスルホン酸

アルキル化[*1]：　アルキル化の求電子種はカルボカチオン（あるいはその等価体）であり，ハロアルカンとルイス酸触媒の組合せだけでなく，アルコールやアルケンにプロトン酸を作用させて発生することもできる．

$$R-Cl + AlCl_3 \rightleftharpoons R-Cl-AlCl_3 \rightleftharpoons R^+ AlCl_4^-$$

> カルボカチオンの転位については 8.1.3 項を参照のこと．
>
> [*1] ルイス酸を用いるアルキル化とアシル化は，フリーデル・クラフツ(Friedel-Crafts)反応とよばれる．

第一級 RCl からは，第一級アルキル生成物でなく 1,2-移動により転位したアルキルベンゼンが得られることが多い．また，フリーデル・クラフツ反応は強く不活性化されたベンゼン環には起こらない．

アシル化[*1]：　アシルカチオンが求電子種となり，アリールケトンを生成する．ルイス酸はケトンのカルボニル基に配位して不活性になるので，触媒量では不十分で 1 当量以上のルイス酸を用いる必要がある[*2]．

> [*2] 酸性水溶液で処理すると遊離のアリールケトンが得られる．

$$R-\overset{O}{C}-Cl + AlCl_3 \rightleftharpoons [R-\overset{+}{C}=O \leftrightarrow R-C\equiv O^+] AlCl_4^-$$

アシルカチオン（アシリウムイオン）

> **問題 10.1**
>
> ベンゼンとニトロニウムイオンの反応の機構を書け．

> **問題 10.2**
>
> ベンゼンと 1-クロロプロパンを $AlCl_3$ 触媒で反応させると，イソプロピルベンゼンが得られる．この反応の機構を書け．

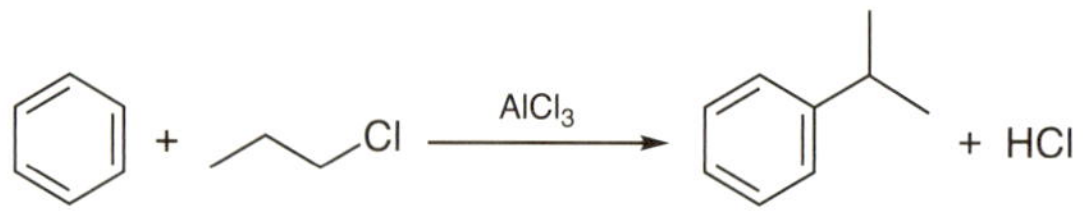

$$\text{C}_6\text{H}_6 + \text{CH}_3\text{CH}_2\text{CH}_2\text{Cl} \xrightarrow{AlCl_3} \text{C}_6\text{H}_5\text{CH}(CH_3)_2 + HCl$$

10.3 置換ベンゼンの反応

置換基を一つもつベンゼンの置換反応では二つの問題が生じる．置換基によって反応が速くなるのか遅くなるのか(反応性)，そして置換基に対してオルト，メタ，パラのどの位置に反応が起こるのか(配向性)．

たとえば，メトキシベンゼンは反応性が高く，ルイス酸がなくても酢酸中で臭素化され，おもに p-ブロモ体を与える．

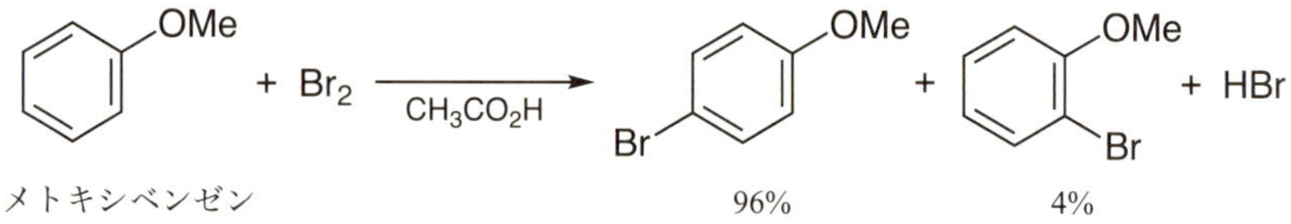

$$\text{メトキシベンゼン} + Br_2 \xrightarrow{CH_3CO_2H} p\text{-ブロモアニソール (96\%)} + o\text{-ブロモアニソール (4\%)} + HBr$$

一方，ニトロベンゼンの反応は非常に遅く，メタ置換体ができる．

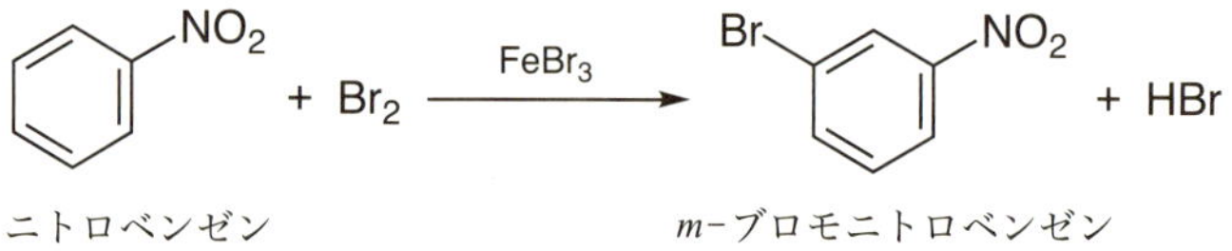

$$\text{ニトロベンゼン} + Br_2 \xrightarrow{FeBr_3} m\text{-ブロモニトロベンゼン} + HBr$$

このように，置換基には，ベンゼンの反応性を高めて(活性化して)，パラ(とオルト)生成物を与えるものと，不活性化してメタ生成物を与えるものがある．このような反応性と配向性に対する置換基の効果は，ベンゼニウムイオン中間体の安定性によって説明できる．

10.3.1 ベンゼニウムイオンの安定性

メトキシベンゼンに求電子種が攻撃してできる3種類のベンゼニウムイオンは，それぞれ次のような共鳴で表される．

オルト攻撃：

パラ攻撃：

メタ攻撃：

オルトとパラ置換ベンゼニウムイオンについては，MeO の非共有電子対が非局在化した四つ目の寄与構造式が書ける．この結果，大きな安定化を受けるので，メトキシベンゼンは高い反応性をもち，パラとオルトの置換体を与える．それに対して，メタ置換ベンゼニウムイオンではメトキシ酸素は共鳴に関与できない．酸素は電気陰性度が大きいので，メトキシ基はメタ位に対してはむしろ電子求引的誘起効果を示す．

ニトロベンゼンから生じる3種類のベンゼニウムイオンはどうか？

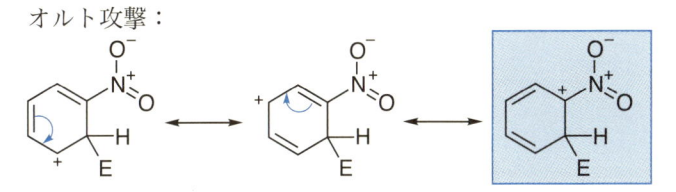

オルト攻撃：

パラ攻撃：

メタ攻撃：

ニトロ基は，N に正電荷をもつために強い電子求引効果を示し，ベンゼニウムイオンを不安定化している．その結果，反応は非常に遅い．3種類のカチオンの中で，ニトロ基による不安定化効果はメタ中間体でいちばん小さい[*3]．そのために，ニトロ基はメタ配向性を示す．

[*3] オルトとパラ置換のカチオンでは，三つの共鳴寄与式のうちの一つで正電荷がニトロ基の隣接位にくる．このような構造は，静電反発が生じるのでほとんど共鳴に寄与しない．したがって，それだけ不安定だ．

10.3.2 置換基の分類

求電子置換反応における反応性と配向性の観点から，ベンゼンの置換基は，その電子供与性と電子求引性，共鳴効果と誘起効果に基づいて3種類に分けられる．

（1）NR_2, OH, OR は非共有電子対のために電子供与性の共役効果をもっており，アルキル基（メチルを含む）は電子供与性誘起効果をもっているので，反応を加速（活性化）し，オルト・パラ配向性を示す．

（2）ハロゲン(F, Cl, Br, I)は電気陰性度が大きく電子求引的誘起効果をもつので反応を減速（不活性化）するが，非共有電子対による電子供与性共役効果のためにオルト・パラ配向性を示す．

（3）NO_2, C=O, SO_3H, CF_3, N^+R_3 は電子求引性の共鳴効果あるいは誘起効果をもっているので，反応を減速（不活性化）し，メタ配向性を示す．

これらの置換基を電子供与性から電子求引性のものまで，その効果によって順にならべると図10.1のようになる．

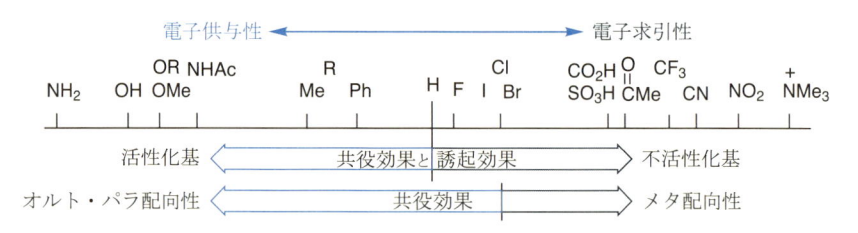

図 10.1 芳香族求電子置換反応における置換基の効果

> **問題 10.3**
>
> クロロベンゼンへの求電子付加によって生じる3種類のベンゼニウムイオンを共鳴で表せ．

上にまとめた置換基効果を反映する反応例を次にいくつか示す.

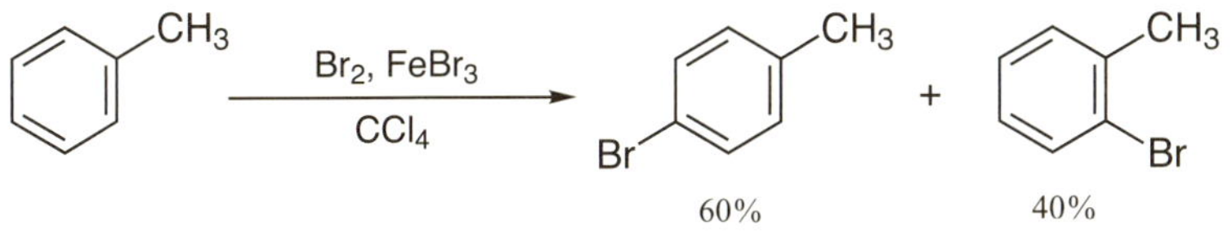

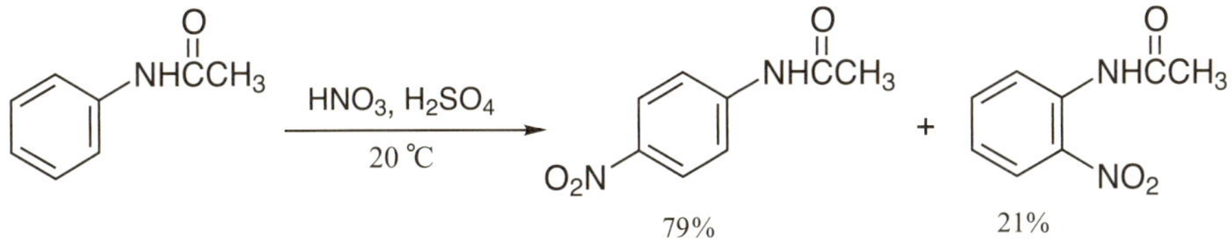

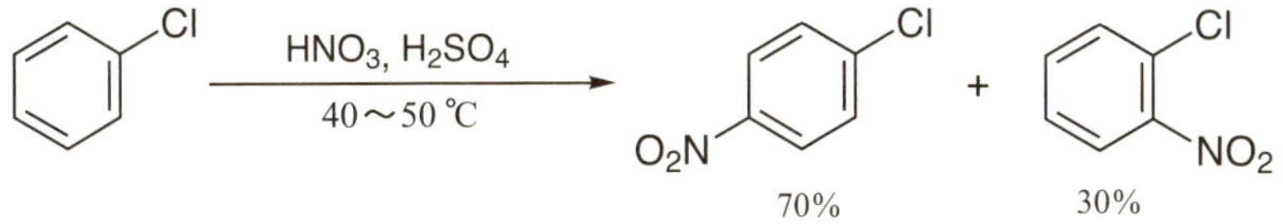

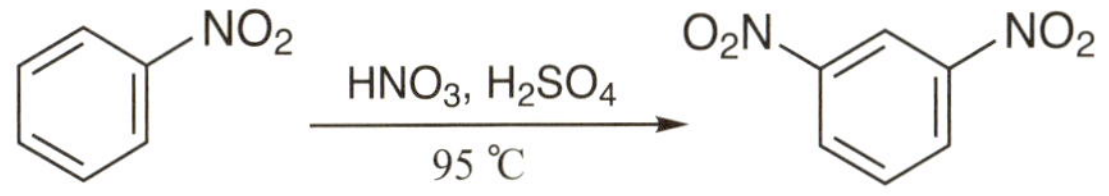

問題 10.4

次の反応の主生成物は何か.

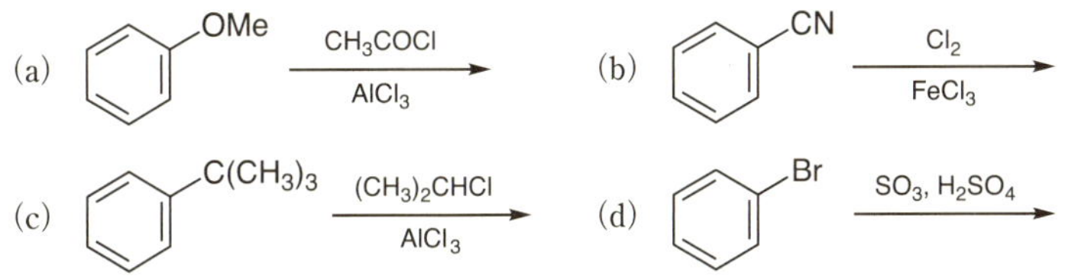

(a) PhOMe + CH₃COCl / AlCl₃

(b) PhCN + Cl₂ / FeCl₃

(c) PhC(CH₃)₃ + (CH₃)₂CHCl / AlCl₃

(d) PhBr + SO₃, H₂SO₄

問題 10.5

次の化合物をニトロ化したときに,おもに得られるモノニトロ化物の構造を示せ.

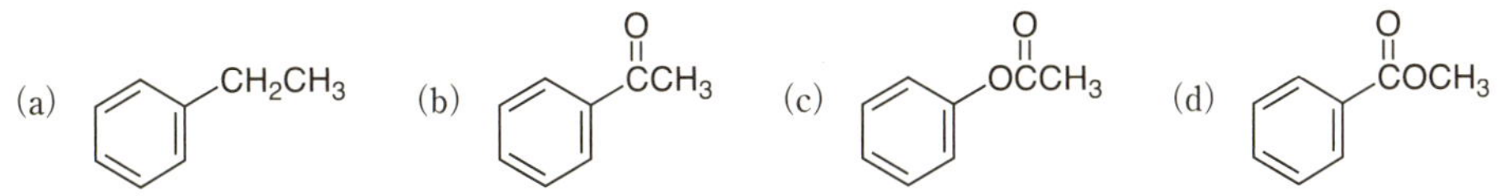

(a) PhCH₂CH₃ (b) PhCOCH₃ (c) PhOCOCH₃ (d) PhC(O)OCH₃

二置換ベンゼンの反応の配向性は二つの置換基の共同効果として現れる.二つの置換基の配向性が相反する場合には,より強い活性化基の効果が優先される.オルト位には立体障害があり,二つの置換基にはさまれた位置には反応しない.

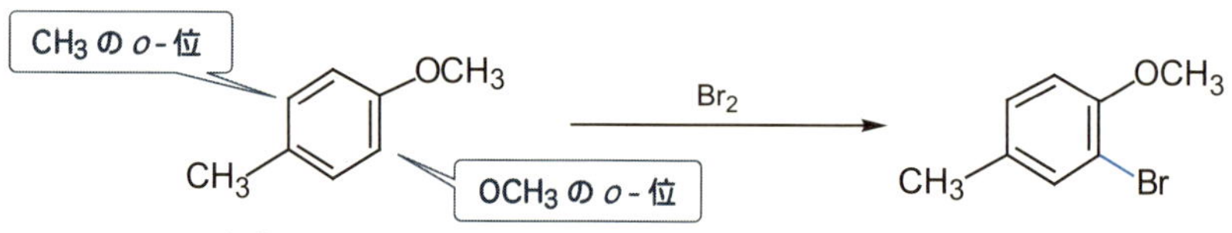

p-メチルアニソール（p-メトキシトルエン）にBr₂を作用させると，CH₃のo-位およびOCH₃のo-位で置換が起こり，1-ブロモ-2-メトキシ-5-メチルベンゼンが生成する．

問題 10.6

次の化合物をニトロ化したときに，おもに得られるモノニトロ化物の構造を示せ．

(a) 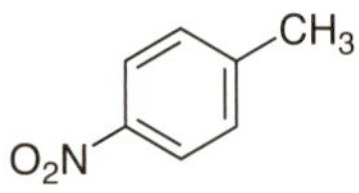 4-ニトロトルエン（O_2N–C₆H₄–CH₃）

(b) 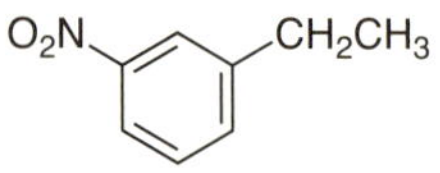 3-ニトロエチルベンゼン（O_2N–C₆H₄–CH₂CH₃）

(c) 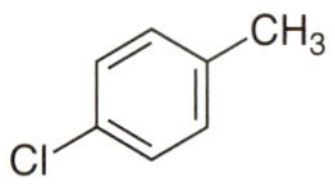 4-クロロトルエン（Cl–C₆H₄–CH₃）

10.4　フェノールとアニリンの反応

　フェノールとアニリンの反応性はとくに高く，たとえば水溶液中で容易に臭素化されてトリブロモ生成物を与える．

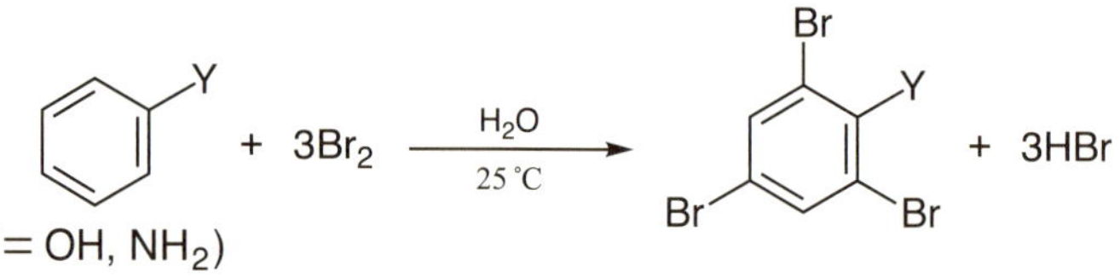

$$C_6H_5Y + 3Br_2 \xrightarrow[25\,^\circ C]{H_2O} \text{2,4,6-トリブロモ-}C_6H_2Y + 3HBr$$

(Y = OH, NH₂)

　また，フェノールは弱酸（pK_a 10）でもあるので，塩基性ではフェノキシドイオンになり，さらに活性化される．
　アニリンは弱塩基（pK_{BH^+} 4.6）であり，酸化されやすく，酸や求電子種とNで結合して不活性になるので，N-アセチル化して反応を進めることが多い．

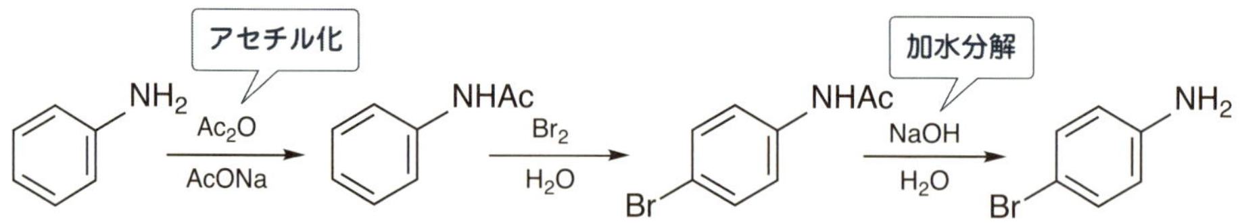

アニリン $\xrightarrow[\text{AcONa}]{\text{Ac}_2O\,(\text{アセチル化})}$ アセトアニリド $\xrightarrow[\text{H}_2\text{O}]{\text{Br}_2}$ 4-ブロモアセトアニリド $\xrightarrow[\text{H}_2\text{O}]{\text{NaOH}\,(\text{加水分解})}$ 4-ブロモアニリン

　アニリンはニトロベンゼンの還元によって合成でき，ジアゾ化して別の置換基に変えることもできる．

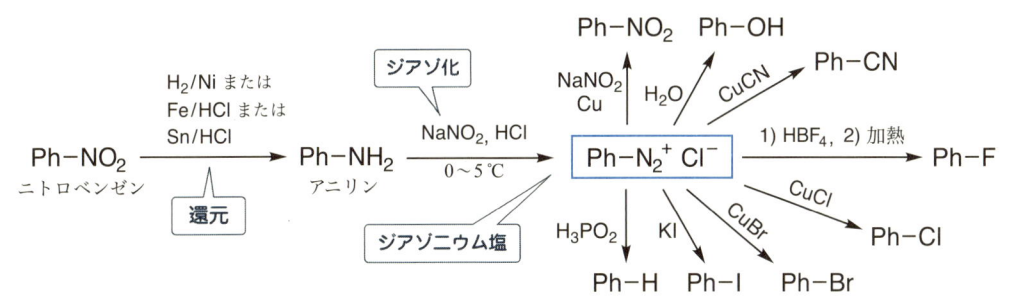

10.4 フェノールとアニリンの反応

$$Ph-NO_2 \xrightarrow[\text{還元}]{\substack{H_2/Ni \text{ または} \\ Fe/HCl \text{ または} \\ Sn/HCl}} Ph-NH_2 \xrightarrow[0\sim5℃]{NaNO_2,\ HCl} Ph-N_2^+\ Cl^-$$

ニトロベンゼン　　　　　　　アニリン　　　ジアゾ化 → ジアゾニウム塩

Ph–N₂⁺ Cl⁻ からの反応:
- NaNO₂/Cu → Ph–NO₂
- H₂O → Ph–OH
- CuCN → Ph–CN
- 1) HBF₄, 2) 加熱 → Ph–F
- CuCl → Ph–Cl
- CuBr → Ph–Br
- KI → Ph–I
- H₃PO₂ → Ph–H

反応 10.4 ジアゾニウム塩の生成と反応

ジアゾ化は，亜硝酸塩と強酸から生じた亜硝酸(HNO_2)がNH_2基に作用して起こる第一級アミン(RNH_2)に特有の反応である．ジアゾニウムイオンは，N_2が特別に優れた脱離基となるので，R^+を生成しやすい．

問題 10.7

次の反応式の空欄を化合物の構造式で埋めて反応を完成せよ．

(a) トルエン $\xrightarrow[H_2SO_4]{HNO_3}$ (A) + (B)

(b) トルエン $\xrightarrow[H_2SO_4]{SO_3}$ HO_3S–C₆H₄–CH₃ $\xrightarrow[H_2SO_4]{HNO_3}$ (C) $\xrightarrow[\text{加熱}]{H_2O}$ (D)

(c) O_2N–C₆H₄–CH₃ $\xrightarrow[Ni]{H_2}$ (E) $\xrightarrow[CH_3CO_2Na]{CH_3COCl}$ (F) $\xrightarrow[H_2SO_4]{HNO_3}$ (G) $\xrightarrow[H_2O]{NaOH}$ (H) $\xrightarrow[HCl]{NaNO_2}$ (I) $\xrightarrow{H_3PO_2}$ (J)

コラム

sp^2 炭素同素体：グラファイトとフラーレン

炭素同素体には，sp^3 炭素からなるダイヤモンドと sp^2 炭素からなるグラファイトが知られていた．sp^2 炭素は平面三方形の結合角をもっているので正六角形を形成して平面に広がる構造をつくることができる．このようにしてできた 1 枚のシートを**グラフェン**(graphene)という．グラフェンは，ベンゼン環が縮合して無限に広がった芳香族分子とみなせる．C−C 結合距離は 142 pm であり，ベンゼンの 139 pm よりやや長い．

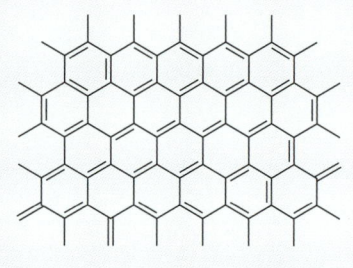

グラフェン

グラフェンシートが重なってできたものが，**グラファイト**(graphite)である．また，ロール状に巻いて筒状になったものが**カーボンナノチューブ**(carbon nanotube)であり，末端は五角形の構造を取込んで半球状のキャップでふさがっている．正六角形 20 個と正五角形 12 個で C_{60} のサッカーボール状の球になったものが**フラーレン**(fullerene)である．正六角形と正五角形の組合せによって，C_{70}, C_{76}, C_{84} などのラグビーボール状の分子もある．

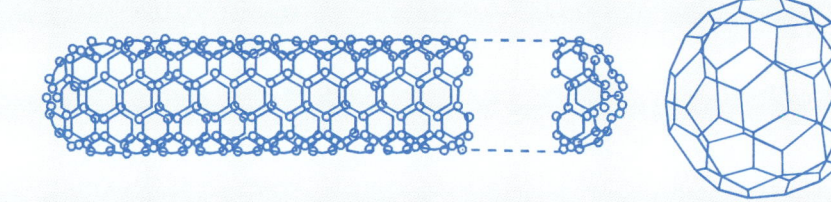

ナノチューブ

フラーレン(C_{60})

これらの sp^2 炭素同素体はいずれも炭素 1 個ごとに p 軌道と p 電子をもっており，半金属と半導体の性質を示す．その特徴的な電気的，磁気的，光学的特性から，ナノサイズの半導体や回路(ナノデバイス)を形成する新素材として活発な研究が展開されている．

11 chapter

不飽和結合における求核反応

カルボニル結合 C=O は，求電子性不飽和結合の代表であり，求核種の攻撃を受けて反応する．C と O の電気陰性度の違いのために分極し，炭素が部分正電荷をもつので求電子性になっている．さらに C=O と共役した C=C も分極して求電子性を示す．結合の分極は共鳴で表すことができる．

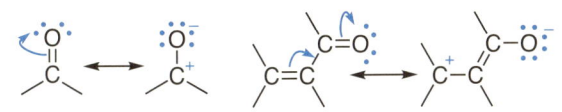

本章では，まずアルデヒドとケトンそしてカルボン酸誘導体の官能基であるカルボニル基の反応，ついで α, β-不飽和カルボニル化合物，さらに大きい共役系をもつ求電子性芳香族化合物の反応について学ぶ．

カルボニル基

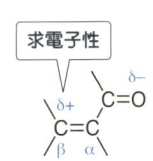

α, β-不飽和カルボニル化合物
（官能基に対して隣接の位置を α 位といい，さらにその隣りを β 位という）

11.1 カルボニル基における求核付加と求核置換

アルデヒドとケトンの求核付加反応では，求核種が C=O に付加してアニオンができ，プロトンをとってアルコール生成物になる（反応 11.1）．

反応 11.1 アルデヒドとケトンへの求核付加

アルデヒド
(R, R′=アルキル, H)
ケトン
(R, R′=アルキル, アルキル)

カルボン酸誘導体
- カルボン酸 (Y＝OH)
- 酸塩化物 (Y＝Cl)
- 酸無水物 (Y＝OCOR)
- エステル (Y＝OR)
- アミド (Y＝NR₂)

カルボン酸誘導体の代表としてエステルの反応をみると，求核付加に続く結果がアルデヒドとケトンの場合とはちがってくることがわかる．四面体中間体からアルコキシドアニオンが脱離できるので，付加–脱離の結果，置換生成物を与え，全体として求核置換になる（反応 11.2）．8 章でアルコキシドアニオンは脱離しにくいと説明したが，エステルの反応をみると O^- の負電荷が $R'O^-$ を押し出す（push）役割をしている．そのために，脱離能の低い $R'O^-$ が外れるようになる．

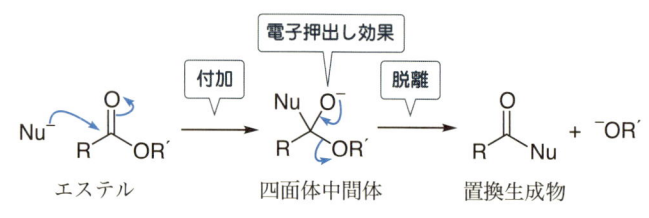

反応 11.2 エステルの求核置換反応：付加–脱離機構

求核種 (Nu^-/NuH)：
HO^-, RO^-, H_2O, ROH, CN^-,
RNH_2, RS^-, RSH, H^- ($NaBH_4$),
R^- ($RMgBr$)

カルボニル化合物の求核的反応にかかわる求核種には左に示すようなものがある．このような求核種が，実際にはどのような反応を起こすのか，次にみていこう．

11.2　カルボニル基への水とアルコールの求核付加

水やアルコールは弱い求核種であり，そのままでは C＝O と反応できない．しかし，酸か塩基があれば付加反応が可逆反応として起こる．

11.2.1　水和反応の平衡

水の付加は水和反応といわれ，平衡反応として表される．平衡定数 K_h は，アルデヒドとケトンの構造に大きく依存する（表 11.1）．

表 11.1 水和反応の K_h

化合物	K_h
HCHO	2000
CH₃CHO	1.1
CH₃COCH₃	0.0014
ClCH₂CHO	37
Cl₃CCHO	~10⁴
PhCHO	0.008

$K_h = [R_2C(OH)_2]/[R_2C=O]$
（溶媒 H_2O は K_h に含まれない）

電子求引基によるカルボニル不安定化

静電反発　電気陰性

メタナール（ホルムアルデヒド）は水に溶けてほとんど完全に水和されるが，プロパノンはほとんど水和されない．付加によってカルボニル炭素が sp^2 から sp^3 に混成変化すると，結合角が小さくなりメチル基どうしの立体ひずみが大きくなる（図 11.1）のが，その第一原因だ．

メチル基が電子供与基として C＝O 結合を安定化していることも K_h を小さくしている．逆に電子求引基（たとえば，Cl）は，C＝O 結合を不安定化するので K_h を増大する．

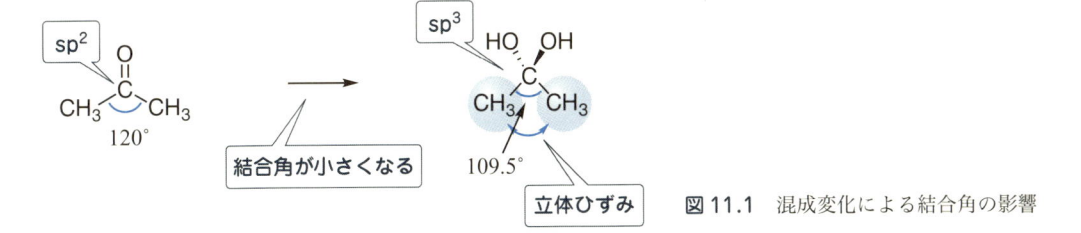

図11.1 混成変化による結合角の影響

問題 11.1
ベンズアルデヒド (PhCHO) が水和されにくいのはなぜか.

11.2.2 反応機構

a. 塩基触媒反応

塩基性条件ではヒドロキシドイオンやアルコキシドイオンが強力な求核種となり，C=O に直接反応する．水あるいはアルコールを溶媒として反応すれば，過剰にある H_2O または ROH から平衡的にプロトンをとり，最終生成物になる．ここで HO^- または RO^- が再生されるので，塩基は触媒となる(反応 11.3)．H_2O と ROH の付加物は，それぞれ水和物，ヘミアセタールとよばれる.

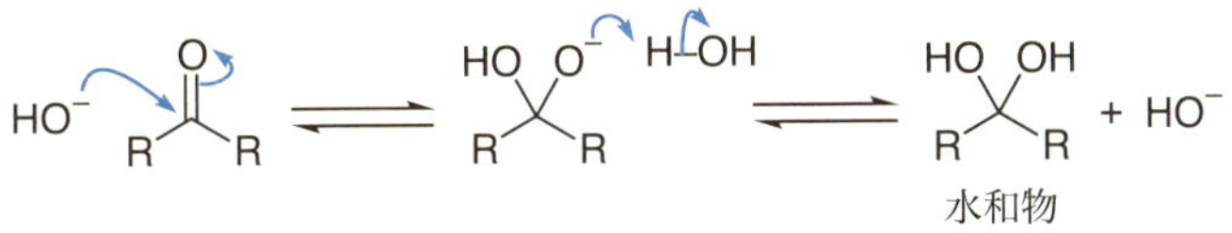

反応 11.3 塩基触媒による水和反応

問題 11.2
塩基触媒によるカルボニル化合物へのアルコールの付加の反応機構を書け.

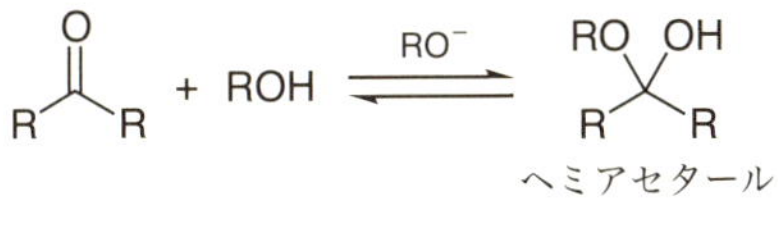

水和物やヘミアセタールは逆反応を起こしやすいので，通常は単離できない．しかし，分子内反応で生じる環状のヘミアセタールは比較的安定である．グルコースの環状構造もヘミアセタールの一つだ.

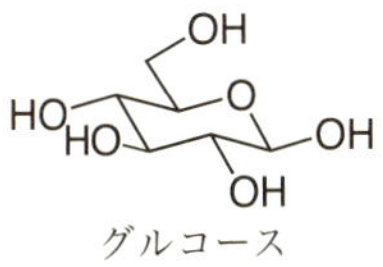

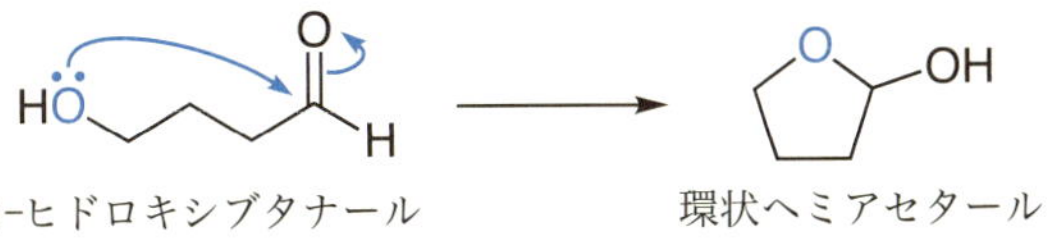

グルコース

4-ヒドロキシブタナール　→　環状ヘミアセタール

問題 11.3
上の環状ヘミアセタールの生成反応が，塩基触媒(HO^-)存在下にどのように起こるか巻矢印を用いて書け.

問題 11.4

カルボニル基への HCN の付加は塩基触媒によって進む．この反応の機構を書け．

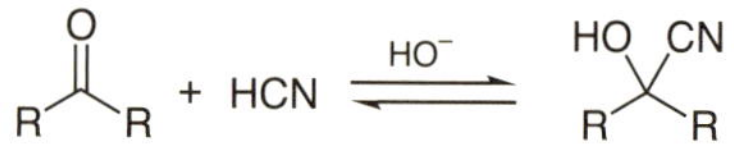

b. 酸触媒反応

酸触媒による水和反応は反応 11.4 のように書ける．

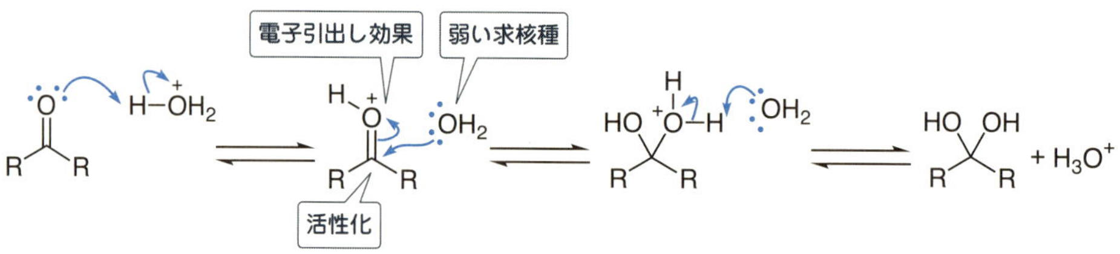

反応 11.4 酸触媒水和反応

プロトン化カルボニル基の O^+ の正電荷が電子を引き出している (pull)．

この反応では，プロトン化によってカルボニル基が活性化され，弱い求核種の H_2O が反応できるようになる．

コラム

シアノヒドリン生成反応と自然界にみられるシアノヒドリン

カルボニル結合への HCN の付加反応は，シアノヒドリン生成反応として知られる可逆反応であり，塩基触媒によって生じる CN^- が強い求核種として付加する (問題 11.4)．シアノ基は加水分解でカルボン酸に変換できるので，有用な合成反応としても使われる．

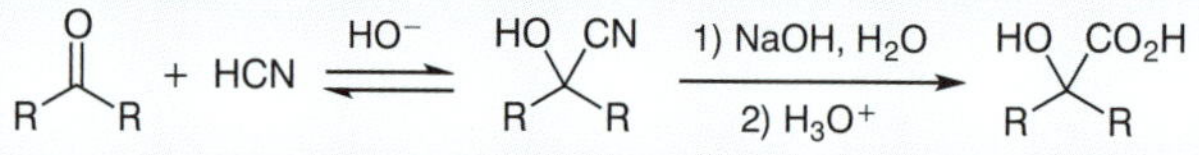

一方，逆反応ではシアノヒドリンから猛毒の HCN (青酸ガス) が発生する．自然界では，植物や昆虫が自己防衛のために，この機構を用いている．アフリカ産のヤスデは，ベンズアルデヒドのシアノヒドリンを含む毒液を放出して自己防衛している．南米やアフリカの原住民が主食とするイモ類のキャッサバには，リナマリンとよばれるシアノヒドリンの配糖体が含まれているので，食用にするには毒抜きする必要がある．梅や桃などの種に含まれる有毒成分もシアノヒドリン配糖体であり，アミグダリンとよばれる．

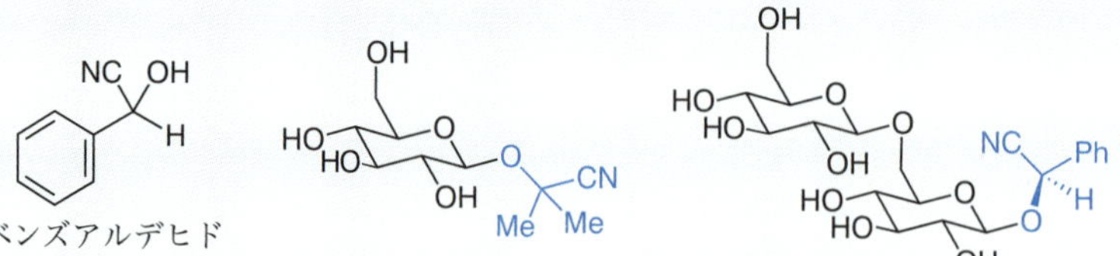

ベンズアルデヒド シアノヒドリン　　　リナマリン　　　アミグダリン

11.2 カルボニル基への水とアルコールの求核付加

アルコールも同様に反応するが，この場合にはもう1分子のアルコールが付加して**アセタール**を生じる（反応11.5）．この反応で2分子目のアルコールが反応できるのは，ヘミアセタールから酸触媒によって H_2O が外れるからだ．その結果，最初のプロトン化カルボニルとよく似たオキソニウム中間体[*1]ができ，アルコールの付加を受け入れる．

[*1] この中間体は共鳴で表すことができる．

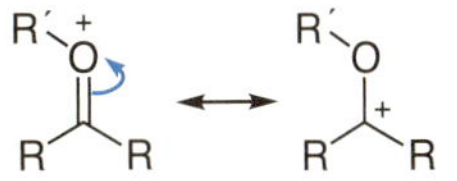

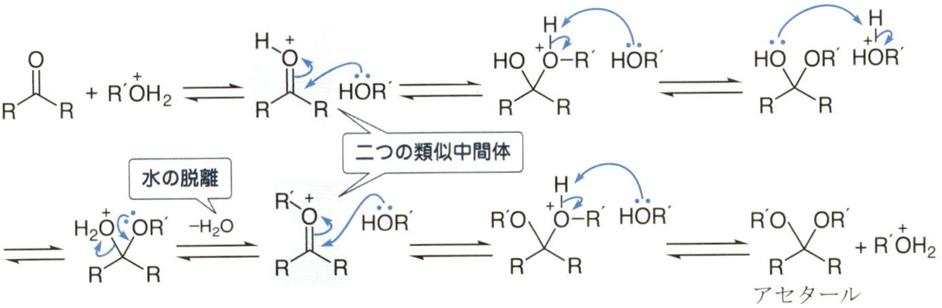

反応 11.5 酸触媒アセタール化反応

問題 11.5

次の反応で生成するアセタールの構造を示せ．

(a) 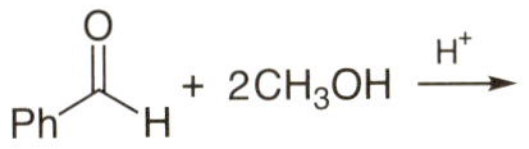 PhCHO + 2CH$_3$OH $\xrightarrow{H^+}$

(b) 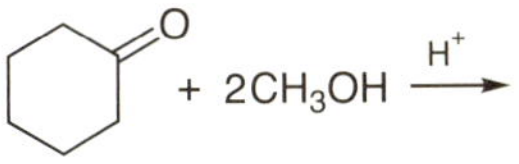 シクロヘキサノン + 2CH$_3$OH $\xrightarrow{H^+}$

問題 11.6

アセタールはジオールからも生成する．次の反応の機構を書き，生成物を示せ．

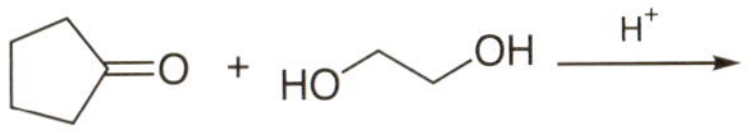

シクロペンタノン + HOCH$_2$CH$_2$OH $\xrightarrow{H^+}$

問題 11.7

アセタール $R_2C(OR')_2$ の酸触媒加水分解の反応機構を書け．

c. カルボニル化合物の反応性

カルボニル化合物の反応性は，水和反応の平衡定数に対する効果（11.2.1項）と同じように，アルデヒド＞ケトンであり，立体障害は反応を阻害し，電子求引基は反応を促進する．

問題 11.8

次の組合せのカルボニル化合物は，それぞれどちらの反応性が高いか．

(a) 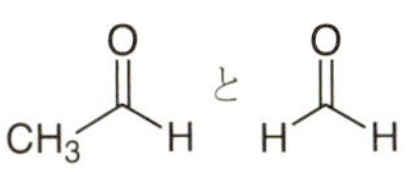 CH$_3$CHO と HCHO   (b) 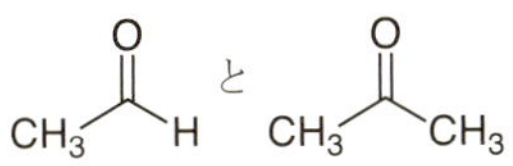 CH$_3$CHO と CH$_3$COCH$_3$ (c) 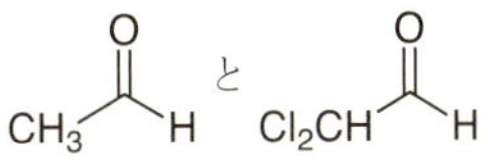 CH$_3$CHO と Cl$_2$CHCHO

11.3 エステルの生成と加水分解

11.3.1 酸性条件における反応

> アセタールに相当する生成物 $RC(OR)_3$(オルトエステルという)も原理的には可能だが，これを得るためには特別の条件が必要になる．

カルボン酸とアルコールの混合物に酸を加えるとエステルが生成する．反応は，アセタール生成の場合と同じように始まるが，付加中間体(四面体中間体という)から H_2O が外れて，エステルになる(反応 11.6)．この酸触媒エステル化は可逆反応で，逆反応がエステルの酸触媒加水分解だ．反応は，付加−脱離機構による置換反応になっている．

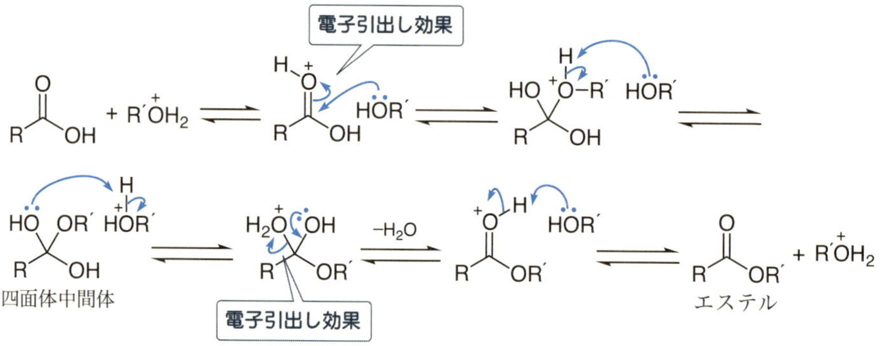

反応 11.6 酸触媒エステル化の反応機構：酸触媒求核付加−脱離機構

問題 11.9

エステルの酸触媒加水分解の反応機構を書け．

11.3.2 塩基性条件における反応

> 油脂のけん化： 油脂はグリセリンのエステルであり(14.3.1項参照)，そのアルカリ加水分解はセッケンを生成する反応でもあるので，けん化ということもある．RCO_2H の R は主として炭素数 11〜17 で脂肪酸ともよばれる．
>
> ```
> ┌─OCOR
> ├─OCOR + 3NaOH
> └─OCOR
>    脂肪
>     ↓
> ┌─OH
> ├─OH + 3RCOONa
> └─OH
>  グリセリン  セッケン
> ```

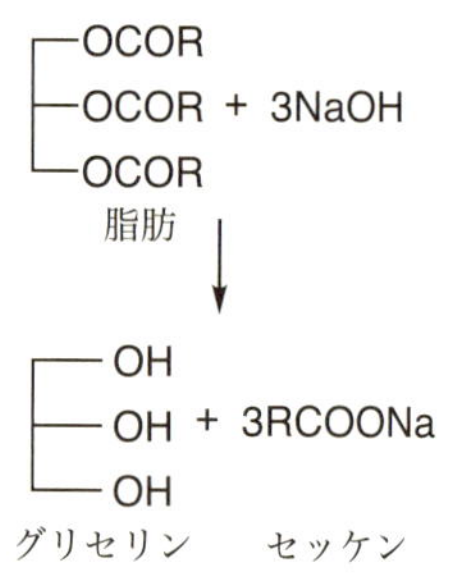

塩基性条件ではカルボン酸は共役塩基のアニオンになってしまうので，求核種との反応は起こさない．しかし，エステルは塩基性水溶液中で容易に加水分解される．この反応も同じ条件におけるアルデヒドの水和反応と同じように始まる．最初の付加体であるアニオン性の四面体中間体からは O^- の負電荷による押出しでアルコキシドが外れ，カルボン酸を生じる．生成したカルボン酸とアルコキシドは，ただちに酸塩基反応を起こしてカルボキシラートイオンとアルコールになる．この平衡はほぼ完全に生成系に偏っているので，塩基は消費され，全反応は不可逆になる．すなわち，触媒反応ではないので，アルカリ加水分解とよばれる．

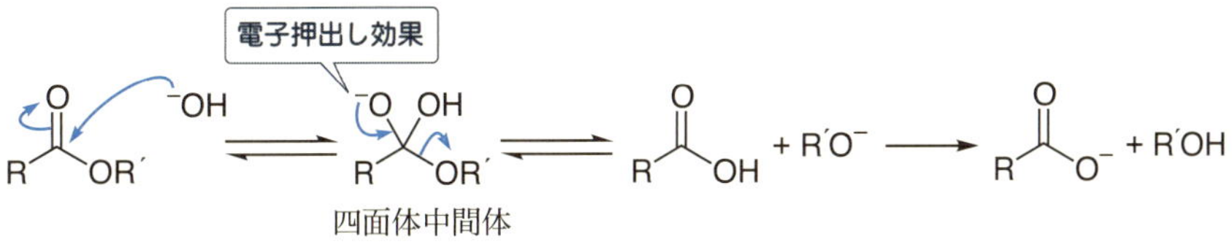

反応 11.7 エステルのアルカリ加水分解

> **問題 11.10**
>
> エステル交換反応 $RCO_2R' + R''OH \rightleftharpoons RCO_2R'' + R'OH$ は，酸と塩基触媒作用を受ける．酸および塩基触媒エステル交換の反応機構を書け．

11.4 カルボン酸誘導体の反応性

カルボン酸誘導体 RCOY の一般的反応はエステルと同じく置換反応だが，その反応性は，Y の電気陰性度が高く，左に示す共鳴寄与が小さいほど高い．同じ順で Y^- の脱離能も高くなる．

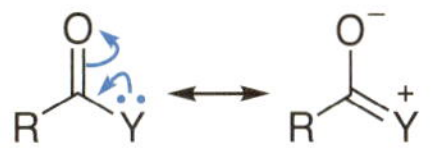

カルボン酸誘導体の反応性：

酸塩化物 > 無水カルボン酸 > エステル > アミド (R'=H, アルキル) > カルボン酸アニオン

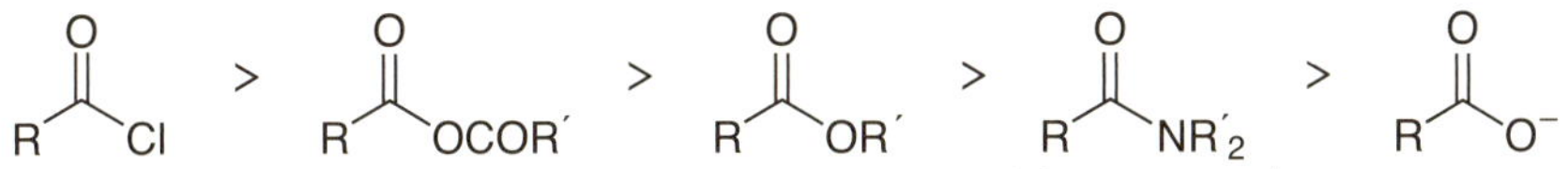

酸塩化物はカルボン酸と塩化チオニルの反応で合成され，より反応性の高いものから反応性の低いものに変換することができる．しかし，逆の反応は困難だ．

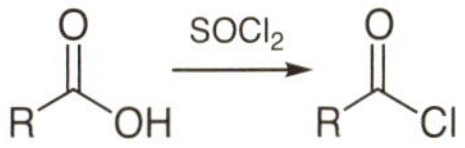

> **問題 11.11**
>
> 次の反応の生成物は何か．
>
> (a) $CH_3COCl + EtOH \xrightarrow{\text{ピリジン}}$
>
> (b) $CH_3COCl + CH_3CO_2Na \longrightarrow$
>
> (c) $CH_3CO_2Et + CH_3NH_2 \longrightarrow$
>
> (d) HO–(CH₂)₃–COOH $\xrightarrow{H^+}$

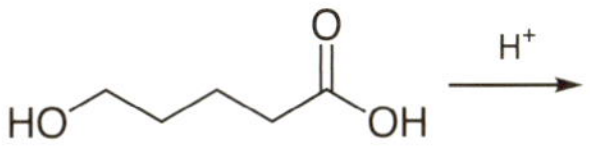

11.5 アミンとの反応：イミンとエナミン

アルデヒドとケトンは第一級アミン (RNH_2)[*2] と反応して**イミン**を与える．付加中間体から脱水して C=N 結合をもつ**イミニウムイオン**を生成し，さらに脱プロトン化するとイミンになる．

イミンはシッフ (Schiff) 塩基ともよばれる．

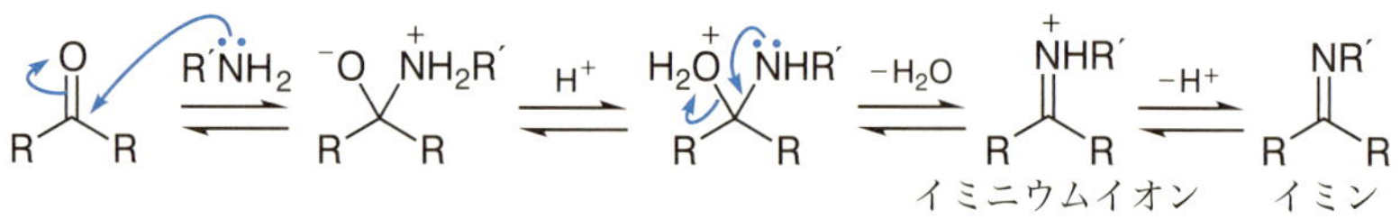

反応 11.8 イミン生成の反応機構

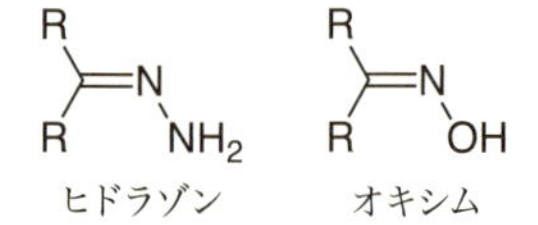

ヒドラゾン　オキシム

[*2] アミンはNに結合しているCの数によって，第一級(RNH_2)，第二級(R_2NH)，第三級(R_3N)と分類される．アルキル基の第一級，第二級，第三級と混同しないように．

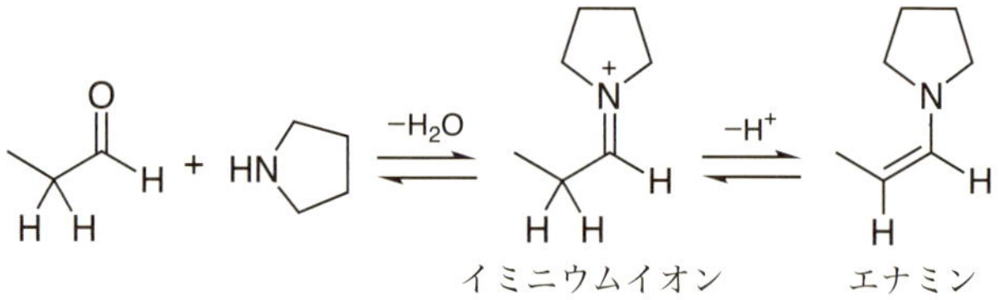

ヒドラジン(H_2NNH_2)やヒドロキシアミン($HONH_2$)から生成するイミンは，C=NとNH_2あるいはOHの非共有電子対が共役しているのでとくに安定だ．

第二級アミン[*2]も同じように反応するが，イミニウムイオンのNにHがないのでイミンはできないが，隣接炭素から脱プロトン化できれば**エナミン**になる．エナミンは電子豊富で求核性の高いオレフィンだ．

イミニウムイオン　エナミン

反応 11.9 エナミン生成反応の例

イミンやエナミンの生成は可逆で，水溶液中では加水分解される．

> **問題 11.12**
>
> イミンの酸触媒加水分解の反応機構を書け．

11.6　α,β-不飽和カルボニル化合物への共役付加

カルボニル基に直接付加(1,2-付加)する場合もある．ブタジエンの1,4-付加(9.3節参照)とも比較せよ．

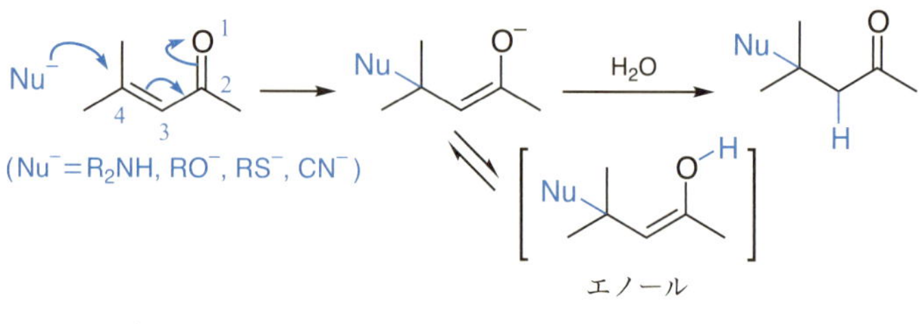

最初に述べたようにα,β-不飽和カルボニル化合物は，C=Oと共役したC=Cが求電子的になり求核付加を受ける．反応11.10のように起こるので，1,4-付加あるいは**共役付加**といわれる．付加生成物は形式的にエノール(1,4-付加物)と考えられるが，最終生成物はその異性体のカルボニル化合物であり，C=C結合にNuHが付加した構造をもつ．

($Nu^- = R_2NH, RO^-, RS^-, CN^-$)

エノール

反応 11.10　α,β-不飽和カルボニル化合物への共役付加

ニトロ基やシアノ基と結合した C=C 結合も求電子的であり，同じように反応する．

> **問題 11.13**
>
> 次の反応の生成物は何か．
>
> (a) CH₂=CHCOOEt + EtNH₂ →(EtOH)
>
> (b) CH₃CH=CHCOCH₃ + CH₃O⁻ →(MeOH)

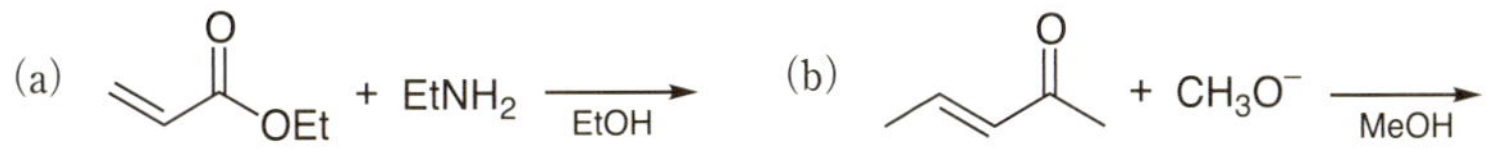

11.7 芳香族求核置換反応

11.7.1 共役付加–脱離機構

カルボン酸誘導体の置換反応(11.4節)と同じように，α, β-不飽和カルボニル化合物も脱離可能なグループがあれば，共役付加–脱離により置換反応を起こす．

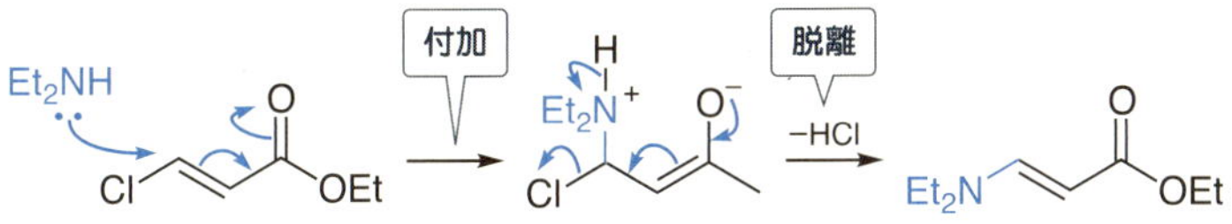

反応 11.11 共役付加–脱離による置換反応

ベンゼンも電子求引基と脱離基をもっていれば，求核付加–脱離によって求核置換反応を起こし得る．

11.7.2 芳香族求核付加–脱離機構

ハロベンゼンのオルトまたはパラ位あるいはその両方に強い電子求引基(NO_2, CN, カルボニルなど)があると，求核付加が起こり，中間体アニオンからハロゲン化物イオンが脱離して芳香族性を回復することにより求核置換反応が進む．

> ハロベンゼンの脱離基の背面からの攻撃は不可能なので，ハロアルカンのように S_N2 反応を起こすことはできない．

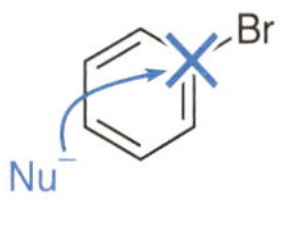

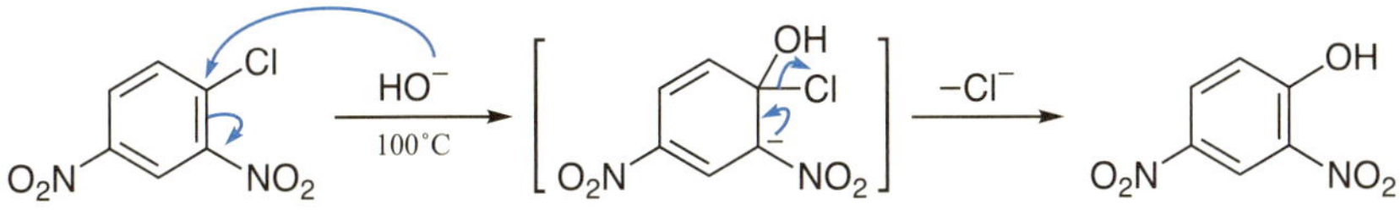

反応 11.12 芳香族求核置換反応の例

求核付加で生じる中間体アニオンは図 11.2 の例に示すような共鳴で表せるので，オルトとパラ位の電子求引基が重要だ．

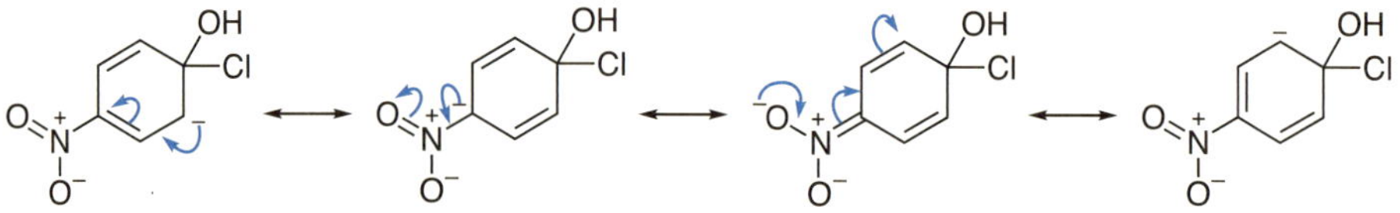

図 11.2 中間体アニオンの共鳴安定化：p-ニトロ基の効果

芳香族求核置換には，脱離-付加機構も可能であり，強塩基性条件でベンザインというひずんだ三重結合をもつ中間体を経て起こる．

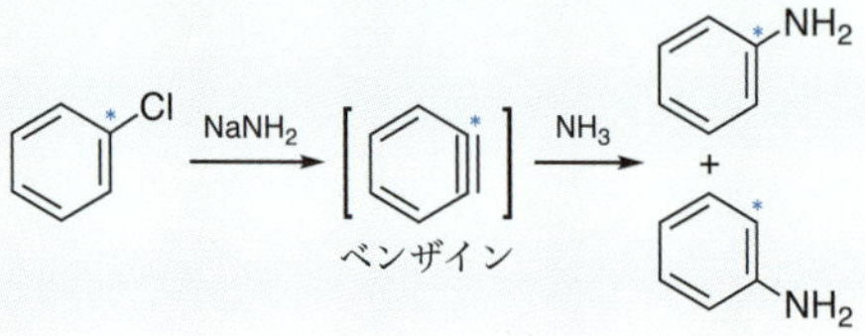

問題 11.14
次の反応の生成物は何か．

(a) 2,4-ジニトロクロロベンゼン + PhCH$_2$SNa / MeOH →

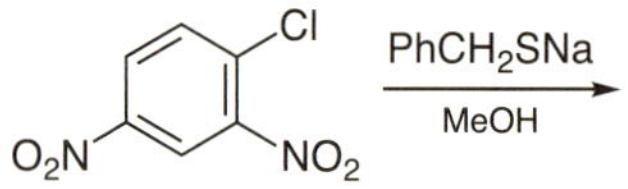

(b) 4-フルオロ-3-ニトロ安息香酸メチル + NH$_3$ →

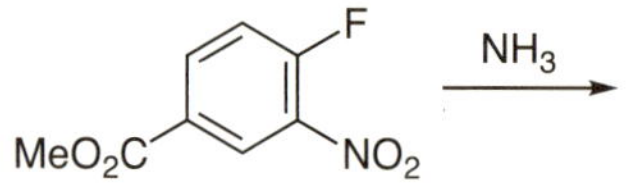

コラム

PETとナイロン

カルボン酸とアルコールから酸触媒によって，エステルが生成することを学んだ．二官能性のジカルボン酸とジオールを反応させるとポリマーが得られる．テレフタル酸とエタン-1,2-ジオールから得られるポリマーはポリエチレンテレフタレートとよばれ，**PET** と略称される．**ポリエステル**繊維やペットボトルの原料になっている．

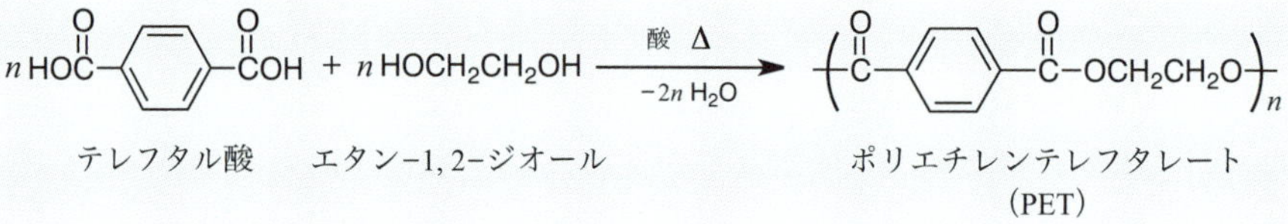

n HOC(=O)-C$_6$H$_4$-COOH + n HOCH$_2$CH$_2$OH $\xrightarrow[-2n\,H_2O]{酸\ \Delta}$ [-C(=O)-C$_6$H$_4$-C(=O)-OCH$_2$CH$_2$O-]$_n$

テレフタル酸　エタン-1,2-ジオール　　　　　　　ポリエチレンテレフタレート (PET)

ジカルボン酸とジアミンからはポリアミドが得られる．その代表例はナイロンであり，最初の合成繊維となったナイロン66はシルクをまねてつくられた．シルクはカイコがつくるタンパク質の一つであり，α-アミノ酸のポリマーである．

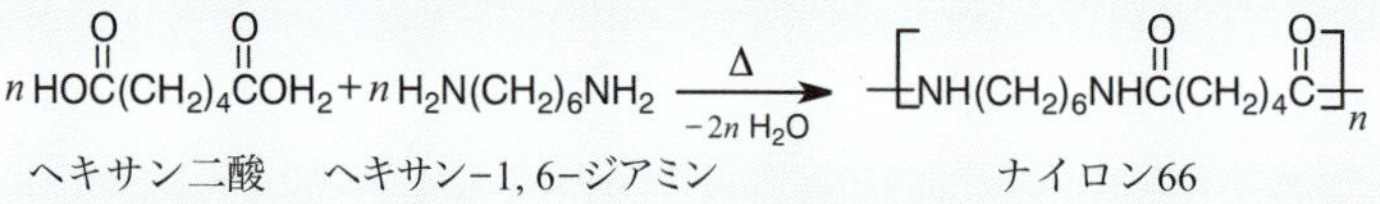

n HOC(CH$_2$)$_4$COH + n H$_2$N(CH$_2$)$_6$NH$_2$ $\xrightarrow[-2n\,H_2O]{\Delta}$ [-NH(CH$_2$)$_6$NHC(=O)(CH$_2$)$_4$C(=O)-]$_n$

ヘキサン二酸　ヘキサン-1,6-ジアミン　　　　　ナイロン66

もう一つのナイロンとして大量に生産されているのはナイロン6であり，これは環状のアミドであるラクタムの開環重合でつくられる．これはアミノ酸の重合とみなせる．

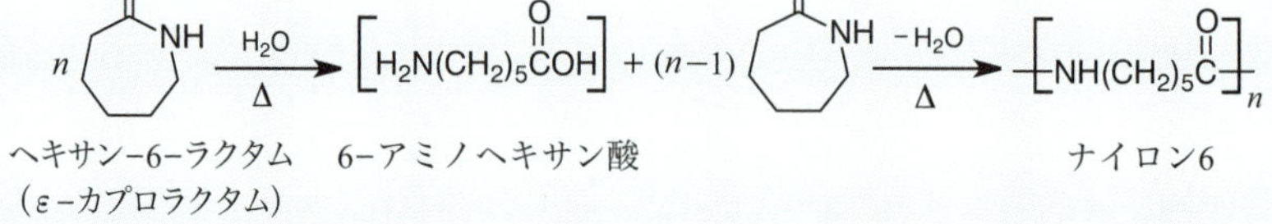

n (ヘキサン-6-ラクタム) $\xrightarrow[\Delta]{H_2O}$ [H$_2$N(CH$_2$)$_5$COOH] + $(n-1)$ (ラクタム) $\xrightarrow[\Delta]{-H_2O}$ [-NH(CH$_2$)$_5$C(=O)-]$_n$

ヘキサン-6-ラクタム　6-アミノヘキサン酸　　　　　　　　　　ナイロン6
(ε-カプロラクタム)

12 chapter

カルボニル基のヒドリド還元と有機金属付加反応および有機合成計画

　11章でカルボニル基に対する求核付加について学んだが，求核種は非共有電子対をもつものばかりだった．求核種の中には結合電子対を供与するものもある．アルケンやベンゼンはπ結合電子対を供与して反応する(9, 10章)．金属と結合したHやCはσ結合電子対を供与する求核種となり，カルボニル基と反応できる．M−HやM−C(Mは金属原子)の結合性軌道のエネルギーが高く，分極しているからであり，カルボニル炭素にH⁻(ヒドリドイオン)またはC⁻(カルボアニオン)が付加した結果となる．金属水素化物はC=Oを還元してアルコールを生成し，有機金属化合物は新しいC−C結合を形成してアルコールを与える．これらの反応は，有機合成の有用な反応になる．

金属(M)との共有結合の分極
$\delta+$ $\delta-$ $\delta+$ $\delta-$
M−H　　M−C

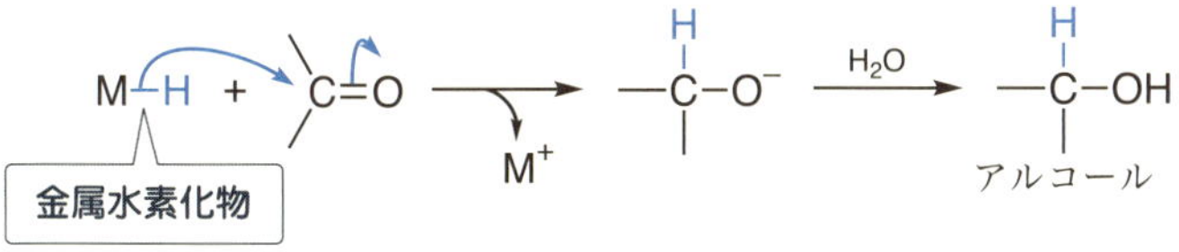

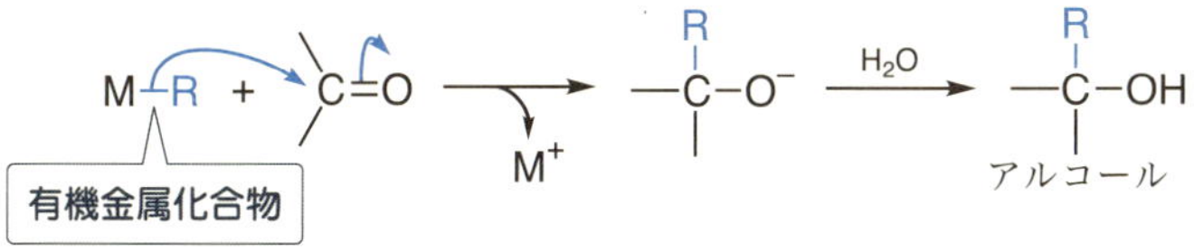

12.1 ヒドリド還元

12.1.1 金属水素化物

金属−水素結合をもつ化合物を金属水素化物という．よく用いられるのは，水素化ホウ素ナトリウム $NaBH_4$ と水素化アルミニウムリチウム $LiAlH_4$ であり，BH_4^- または AlH_4^- がヒドリドイオン（H^-）供与体になる[*1]．

[*1] 単純な NaH や LiH のような水素化物は強塩基として反応するので，還元には用いることができない．

$NaBH_4$ は温和な還元剤として，メタノールやエタノール溶媒中でアルデヒドとケトンをアルコールに還元する．

$LiAlH_4$ は非常に活性で，無水エーテル溶媒中で反応させると，アルデヒド，ケトンだけでなく，エステル，アミド，カルボン酸（カルボキシラートイオン）も還元できる．エステルやカルボン酸との反応では，生成したアルデヒドがさらにアルコールまで還元される．

$LiAlH_4$ は水やアルコールと激しく反応して水素を発生する．
$LiAlH_4 + 4ROH \longrightarrow 2H_2 + LiOR + Al(OR)_3$

反応 12.1 $LiAlH_4$ によるエステルの還元

アミド還元の最終生成物はアミンだが，温和な条件で反応を中間体の状態でとどめて加水分解するとアルデヒドを得ることもできる．

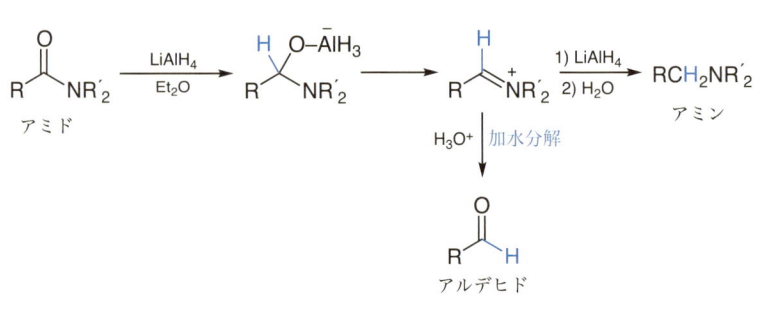

反応 12.2 と 12.3 においては，反応の矢印の上下に 1) $LiAlH_4$，2) H_2O のように書いている．これは，まず $LiAlH_4$ と反応させ，反応終了後に水溶液で処理するというように，2 回に分けて反応することを表している．

反応 12.2 アミドの還元

ケトエステルは，$NaBH_4$ で選択的に還元できる．

反応 12.3 ケトエステルの選択的還元

問題 12.1

次のカルボニル化合物をアルコール中 $NaBH_4$ で還元したときに得られる生成物は何か．

(a) プロパナール (b) アセトフェノン (c) 3-ホルミル安息香酸エチル

(d) 3-メトキシプロパナール (e) 3-オキソブタンアミド

問題 12.2

問題 12.1 のカルボニル化合物を $LiAlH_4$ で還元したのち，酸性水溶液で処理して得られる生成物は何か．

12.1.2 炭素からのヒドリド移動

α水素をもたないアルデヒドを濃 NaOH 水溶液中で反応させると，等モルのアルコールとカルボン酸が生成する．すなわち，半分が還元され，半分が酸化される．

この反応はカニッツァロ (Cannizzaro) 反応とよばれる．α水素があると，この位置で反応が起こり，アルドール反応になる (13.2 節参照)．

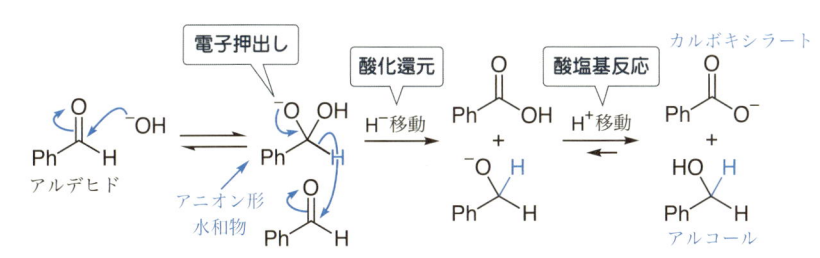

ベンズアルデヒド → ベンジルアルコール（還元生成物） + 安息香酸ナトリウム（酸化生成物）

アニオン形の水和物は，エステル加水分解における四面体中間体 (11.3.2 項参照) と同じように，O^- の電子押出し効果により C=O 結合を再生しようとする．HO^- を押し出しても逆反応にすぎないが，もう1分子のアルデヒドが近くにあって H^- を受け取ることができれば，反応はその方向に進む．H^- を出したアルデヒドは酸化され，受け取ったアルデヒドが還元される．

反応 12.4 カニッツァロ反応の機構

問題 12.3

次の反応がどのように進むか，巻矢印を用いて示せ．

$$PhCHO + H_2C=O \xrightarrow{\text{濃 NaOH}} PhCH_2OH + HCO_2^-$$

生体内にはニコチンアミドアデニンジヌクレオチド (NAD^+) という補酵素があり，その還元形 (NADH) がヒドリド供与体となってアルデヒドを還元している．NAD^+ の主要な部分はピリジニウムイオン構造で

あり，NADH は水素化された形になっている．

12.2 有機金属化合物

炭素と金属の共有結合をもつ化合物を有機金属化合物という．カルボニル基と反応する有機金属反応剤としては有機リチウム RLi と有機マグネシウム化合物 RMgX が重要だ．これらは金属とハロアルカンあるいはハロアレーンの反応で得られる．反応は通常エーテル溶液で行われる．

RX + Mg $\xrightarrow{Et_2O}$ RMgX

エーテル溶媒は，生成した有機金属化合物の金属（ルイス酸）に溶媒和（配位）して安定化し，溶解する．

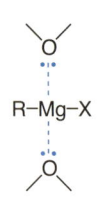

有機マグネシウム化合物は，開発者の名前にちなんでグリニャール（Grignard）反応剤とよばれる．

問題 12.4

有機金属化合物はアルカン（RH：pK_a ～50）の共役塩基とみなせるので，強い塩基としても作用する．次の反応の生成物は何か．

(a) RMgX + D_2O ⟶   (b) R′—≡—H + RMgX ⟶

12.2.1 グリニャール反応

有機リチウムも有機マグネシウム化合物も同じように反応するが，前者のほうが活性が高くて取り扱いにくいので，一般的な合成反応には後者がよく使われる．その反応はグリニャール反応とよばれている．

グリニャール反応で重要なのは，カルボニル結合に付加して新しい炭素骨格のアルコールを生成することだ．アルデヒドとケトンは，その置換基に応じて第一級，第二級，第三級アルコールを与える．

エステルからは，RMgX から二つのアルキル基が入った第三級アルコールができる．最初の付加体から R^2O^- が外れてケトンが生成する[*2]ので，RMgX がもう 1 分子付加できる．

*2 この過程は，エステル加水分解の四面体中間体の反応（11.3.2 項参照）と同じだ．

反応 12.5 においては，反応の矢印の上下に 1) Et_2O, 2) H_3O^+ と書いているが，実際にグリニャール反応を行うときには，RX と Mg をエーテル溶液で反応させ，生成した RMgX 溶液にカルボニル化合物を加えるので，次のように書くのが現実に即している．

RX $\xrightarrow[\text{3) }H_3O^+]{\text{1) Mg, }Et_2O, \text{ 2) }R^1R^2C=O}$ R—C(R^1)(R^2)—OH

RMgX + R^1—CO—R^2 (アルデヒドまたはケトン) $\xrightarrow[\text{2) }H_3O^+]{\text{1) }Et_2O}$ R—C(R^1)(R^2)—OH (アルコール)

RMgX + R^1—CO—OR^2 (エステル) $\xrightarrow[\text{2) }H_3O^+]{\text{1) }Et_2O}$ R—C(R^1)(R)—OH (第三級アルコール)

反応 12.5 グリニャール反応によるアルコールの合成

12.2 有機金属化合物

反応 12.6 エステルのグリニャール反応

RMgX は強い求核種としてエポキシドや二酸化炭素にも付加する．生成物は炭素数が 2 個増えたアルコールあるいは炭素が 1 個増えたカルボン酸だ．

$$RMgX + \text{(エポキシド)} \xrightarrow{\text{1) Et}_2\text{O}}_{\text{2) H}_3\text{O}^+} R\text{CH}_2\text{CH}_2\text{OH}$$

$$RMgX + CO_2 \xrightarrow{\text{1) Et}_2\text{O, 2) H}_3\text{O}^+} RCO_2H$$
二酸化炭素　　　　　　　　　　　カルボン酸

問題 12.5

次の反応の生成物は何か．

(a) PhMgBr + H$_2$C=O $\xrightarrow{\text{1) Et}_2\text{O}}_{\text{2) H}_3\text{O}^+}$

(b) PhCH$_2$MgCl + CH$_3$CHO $\xrightarrow{\text{1) Et}_2\text{O}}_{\text{2) H}_3\text{O}^+}$

(c) PhMgBr + (シクロヘキサノン) $\xrightarrow{\text{1) Et}_2\text{O}}_{\text{2) H}_3\text{O}^+}$

(d) PhCO$_2$Me + 2CH$_3$MgI $\xrightarrow{\text{1) Et}_2\text{O}}_{\text{2) H}_3\text{O}^+}$

(e) PhCOCH$_3$ + CH$_3$MgI $\xrightarrow{\text{1) Et}_2\text{O}}_{\text{2) H}_3\text{O}^+}$

(f) CH$_3$CH$_2$MgBr + (シクロヘキサノン) $\xrightarrow{\text{1) Et}_2\text{O}}_{\text{2) H}_3\text{O}^+}$

12.2.2　α, β-不飽和カルボニル化合物への付加

有機金属反応剤は α, β-不飽和カルボニル化合物とも反応し，カルボニル付加 (1,2-付加) だけでなく共役付加 (1,4-付加) も起こす．グリニャール反応では，ふつう両方起こり，選択性はおもに立体障害による[*3]．

[*3] 低温で銅塩 (CuX) を触媒量加えると，共役付加が選択的に起こる．

3-ペンテン-2-オン　$\xrightarrow{\text{1) EtMgBr, Et}_2\text{O}}_{\text{2) H}_3\text{O}^+}$　(1,2-付加体) + (1,4-付加体)

　　　　　　　　　　　　　　　　　　　　　3 : 1

アルキルリチウムは優先的にカルボニル付加を起こすが，アルキル銅リチウム (R_2CuLi) は共役付加のみを起こす．

アルキル銅リチウムは，アルキルリチウムと銅塩の反応で調製される．
2RLi + CuX $\longrightarrow$ R$_2$CuLi + LiX

3-ペンテン-2-オン
1) EtLi, THF / 2) H$_3$O$^+$ → (1,2-付加体)
1) Et$_2$CuLi, THF / 2) H$_3$O$^+$ → (1,4-付加体)

12.3 有機合成計画

　有機合成は，容易に入手できる化合物から価値の高い有機化合物を得るための手法であり，天然からごく微量しか得られない有用な物質を大量に合成したり，人工的に新しい機能を発揮する化合物をつくり出したりするために応用される．目的の化合物(標的化合物)を合成するためには，数多くの可能性の中から適切な反応を組み合わせて，経済的で環境に配慮された効率的な方法を計画する必要がある．そのための合成計画はどのように立てたらよいのか？

　合成に使う反応には，基本骨格を構築するための炭素-炭素結合形成反応と官能基変換反応がある．C−C結合形成反応の中心になるのは，炭素求核種(カルボアニオン，有機金属，芳香族化合物など)と炭素求電子種(カルボカチオン，カルボニル化合物など)の反応だ[*4]．カルボアニオンはカルボニル基のα位に発生でき(13章参照)，カルボカチオンはハロアルカン，アルコールあるいはアルケンから発生できる(7〜9章参照)．

[*4] ほかにもラジカル反応，ペリ環状反応などがあるが，ここでは考えない．

コラム

瞬間接着剤の医療への応用と溶ける糸

　とくに活性の高い求電子性アルケンであるα-シアノアクリル酸エステルは，湿気(H_2O)の攻撃を受けてカルボアニオンを生成し，この炭素求核種が共役付加を繰り返しポリマーを生成する(アニオン重合)．この性質が瞬間接着剤に応用されている．適当なアルキルエステルで生体に害の少ないものがDermabond®という商品名で医療用接着剤として用いられ，手術後の処置やけがの治療に役立っている．

　手術後の縫合には生分解性の糸が使われることも多い．処理後，治癒するまでには溶けてなくなるので抜糸が不要になる．このような**生分解性のポリマー**として，グリコール酸と乳酸のポリエステル共重合体が使われる．このポリマーは加水分解して代謝される．

12.3.1 逆合成解析

標的化合物の合成を考えるときには，その化合物の結合を切断して，より簡単なフラグメントに分解し，出発物と関係づけていく．結合切断の位置は，実際の反応でフラグメントを組み立てる合成反応の可能性を考えて決めていく（切断位置は官能基を中心に考える）．すなわち，標的化合物を合成していく過程を逆にたどって出発物を決めるので，この方法は逆合成とよばれる．逆合成は，中抜きの矢印（⇒）を用いて表す．

たとえば，次のアルコールの逆合成を考えてみよう．結合切断の位置として，a と b が考えられる．

逆合成解析（retrosynthetic analysis）の考え方は，E. J. Corey（米国，1990年ノーベル化学賞受賞）によって導入され，広く使われるようになった．

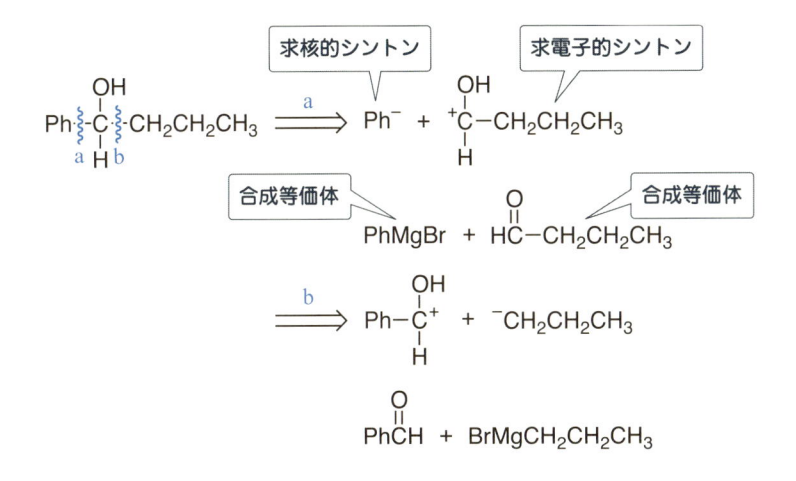

結合切断で生じるフラグメントはシントン，それに対応する実際の化合物や反応剤は合成等価体とよばれる．上に示したように a と b で求電子的シントンと求核的シントンに切断すれば，いずれもグリニャール反応が使える．一方，逆の極性をもつような切断は，OH をもつ求核的シントンを与えるが，その合成等価体は考えにくい[*5]．

アルコールはカルボニル化合物の還元で容易に得られるので，次の官能基変換を考えればケトンの合成問題になる．こうすると，a と b のほかに c，d での結合切断が有効になる．

[*5] 求核的なシントン $RC^-(OH)H$ が求電子的なシントン $RC^+(OH)H$ に比べて考えにくいことは，それぞれのイオンの安定性を考えれば予想できる．

また，a での結合切断に相当する合成反応として，フリーデル・クラフツのアシル化が可能になる．

$$\xrightarrow{a} Ph^- + {}^+\overset{\overset{O}{\|}}{C}-CH_2CH_2CH_3 \quad \boxed{シントン}$$

$$PhH + Cl-\overset{\overset{O}{\|}}{C}-CH_2CH_2CH_3 \xrightarrow{AlCl_3} Ph-\overset{\overset{O}{\|}}{C}-CH_2CH_2CH_3$$

$$\boxed{合成等価体}$$

bでの結合切断では，b1のシントンの組合せはグリニャール反応によるケトンの合成として考えられるが，極性転換を用いてb2の逆の極性のシントンに相当する合成反応も可能だ．

$$\xrightarrow{b1} Ph-\overset{\overset{O}{\|}}{C}{}^+ + {}^-CH_2CH_2CH_3$$

$$Ph\overset{\overset{O}{\|}}{C}NMe_2 + BrMgCH_2CH_2CH_3 \xrightarrow[2)\ H_3O^+]{1)\ Et_2O} Ph-\overset{\overset{O}{\|}}{C}-CH_2CH_2CH_3$$

$$\xrightarrow{b2} Ph-\overset{\overset{O}{\|}}{C}{}^- + {}^+CH_2CH_2CH_3$$

(1,3-ジチアン Ph H) + BrCH_2CH_2CH_3 $\xrightarrow[2)\ HgO,\ H_3O^+,\ H_2O]{1)\ BuLi,\ Et_2O}$ Ph-C(=O)-CH_2CH_2CH_3

cの位置からはカルボニル基のα位における反応が考えられるが，この形式の反応については13章で学ぶ．

dの位置はカルボニル基のβ位に相当するので，α,β-不飽和ケトンへの共役付加が合成反応になり得る[*6]．

$$Ph\overset{\overset{O}{\|}}{C}-CH=CH_2 + CH_3MgI \xrightarrow[2)\ H_3O^+]{1)\ Et_2O} Ph-\overset{\overset{O}{\|}}{C}-CH_2CH_2CH_3$$

さらにアルコールはハロアルカン（7章参照）やアルケン（9章参照）からも合成できるので，官能基変換の一つとして考慮する必要がある．

[*6] この場合は，たんにメチル基を付加させるだけなので，あまり有利な反応とはいえないが，もっと複雑な化合物にはこの形式の反応が有用になるかもしれない．

問題 12.6

次のアルコールを合成するためのグリニャール反応を示せ．(a)〜(c)については2通りずつ反応を書け．

(a) Ph_3COH

(b) (2-フェニルエタノール)

(c) (1-シクロヘキシル-1-ヒドロキシプロピル構造，OH)

(d) (1-エチルシクロヘキサノール，OH)

12.3.2 保護基の利用

官能基を複数もつ化合物の変換を行うとき,反応性の高い官能基を残して反応を進めたいことがある.そのような場合には,残しておきたい官能基を一時的に不活性化(保護)して,後で必要に応じてもとに戻す(脱保護)という方法がとられる.たとえば,反応 12.3 のケトエステルのケトンを残してエステル基だけを還元したいとしよう.そのためには,反応 12.7 のように反応性の高いカルボニル基を保護する.

カルボニル基の保護にはアセタール(またはジチオアセタール)が適している.

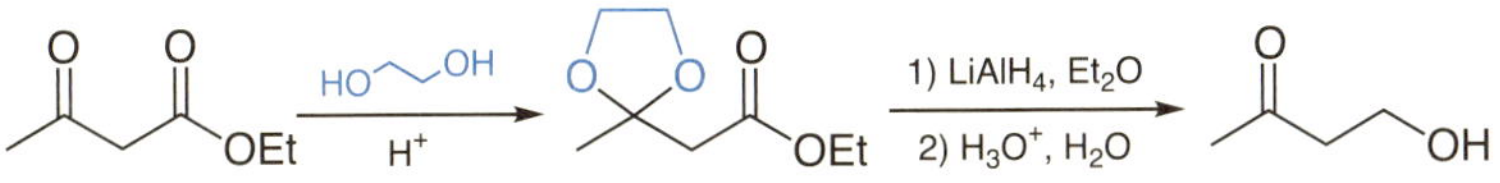

反応 12.7 ケトエステルの還元におけるカルボニル基の保護と脱保護

もう一つの例として,ヒドロキシケトンのグリニャール反応を考えよう.この場合は,OH を保護する必要がある.

OH の保護にはジヒドロピランを用いるのがよい.中間の構造はアセタールの一種であり,この保護基はテトラヒドロピラニル(THP)基とよばれる.

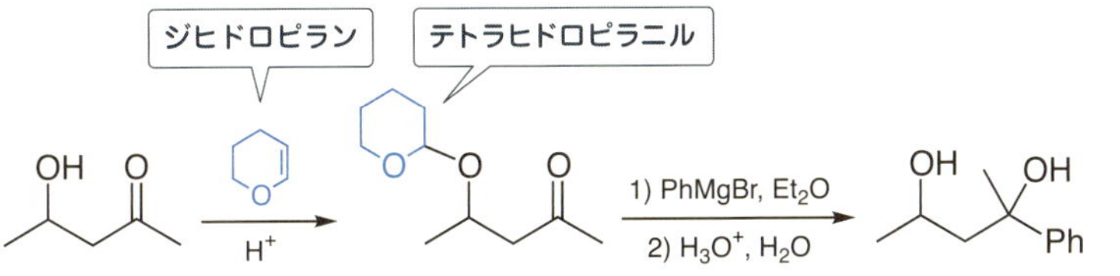

反応 12.8 アルコールの保護と脱保護

問題 12.7
アルコール(ROH)へのテトラヒドロピラニル基の導入反応(保護)と酸性水溶液による脱保護の反応機構を書け.

問題 12.8
次の変換反応を,保護基を用いて完成せよ.

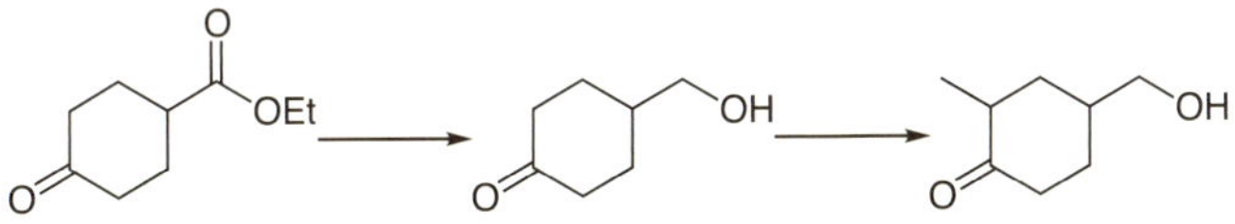

コラム

ビニル重合

アルケンの求電子付加反応の中間体は，カルボカチオンであり（9章），それ自体求電子種である．したがって，アルケン以外に求核種がなければ，中間体カルボカチオンが別のアルケン分子に付加を繰り返して高分子量のポリマーを生成する．実際には，求核反応性の高いアルケンがモノマー（ビニルモノマーともいう）となりカチオン重合を起こす．

ビニルエーテルのカチオン重合：

(LA：ルイス酸触媒)

カチオン重合するアルケン：

2-メチルプロペン　　スチレン　　α-メチルスチレン　　ビニルエーテル
（イソブテン）

逆に求電子性の高いアルケンは共役付加(11.6節)を繰り返してアニオン重合を起こすことができる．

アニオン重合するアルケン：

アクリロ　　　アクリル酸　　メタクリル酸　　α-シアノアクリル酸
ニトリル　　　メチル　　　　メチル　　　　　エステル

ラジカル付加によってラジカル重合を起こしやすいアルケンもある．

ラジカル重合するアルケン：

スチレン　　塩化ビニル　　アクリル酸メチル　　テトラフルオロエテン

エテンも高温・高圧でラジカル重合し，ポリエチレン(PE)を生成する．このポリエチレンは低密度PE(LD-PE)とよばれ軟らかい．エテンやプロペンの重合には，チーグラー・ナッタ(Ziegler–Natta)触媒とよばれる$AlEt_3$-$TiCl_4$錯体も用いられる．この方法で得られたPEは高密度PE(HD-PE)とよばれ硬質である．

13 chapter

エノラートの反応

カルボニル基は，11章で学んだように，求電子性をもち求核付加を受けやすい．一方，カルボニル基は強い電子求引基としても働き，隣接炭素に結合した水素，α水素の酸性度を高めている(4.3節参照)．すなわち，塩基により容易に脱プロトン化され，カルボアニオンを生成する．このカルボアニオンはアリルアニオン類似体であり，エノラートイオンの構造をもつ．エノラートは求核性の高いアルケンとみなすことができ，求核種としての反応性を示す．本章ではその特徴を調べる．

> 求核種のかかわる関連反応は9章(アルケン)，7章(ハロアルカン)，11章(カルボニル化合物など)で学んだ．

> エノラートイオンは，エノラート構造とカルボアニオン構造の共鳴混成体だが，エノラート構造の寄与のほうが大きいのでたんにエノラート構造で表すことが多い．エノラートはエノール(enol)のアニオンを意味する．

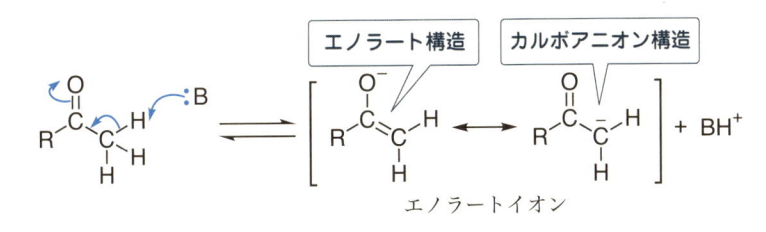

13.1 エノール化

13.1.1 エノール化の平衡

エノラートイオンは，カルボニル化合物の共役塩基であると同時にエノールの共役塩基でもあるので，反応13.1のような反応サイクルで表すことができる．エノールはカルボニル化合物の構造異性体であり，プロトン移動で容易に相互変換できることから，とくに互変異性体とよばれ，それぞれはエノール形とケト形といわれる．ケト形からエノール形への変換をエノール化という．

メチルケトンとエノールの pK_a [*1] を約19と11と見積もれば，反応13.1の反応サイクルから，エノール化の平衡定数は K_E 約 10^{-8} ($pK_E \sim 8$)

[*1] 4章参照．エノールの pK_a はフェノールの pK_a (=10)に匹敵する．

と推算できる．実際には，単純なアルデヒドやケトンの K_E は 10^{-4}〜$^{-9}$ であり，平衡は大きくケト形に偏っている．

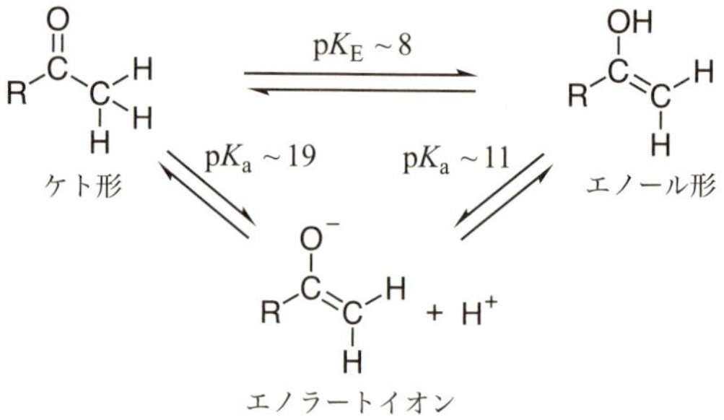

反応 13.1 エノール化の平衡反応

$pK_E = -\log K_E$
$K_E = $ [エノール形]/[ケト形]

問題 13.1

次のカルボニル化合物から生成するエノールの構造を示せ．

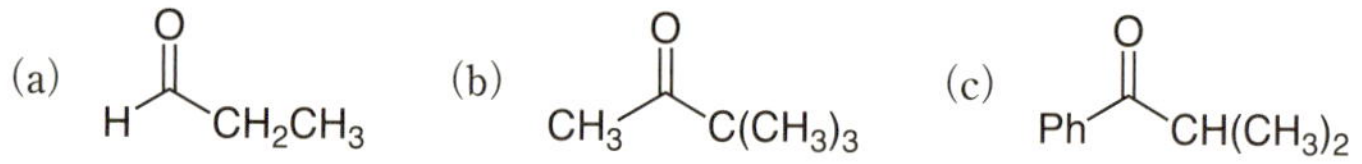

(a) $\text{H-CO-CH}_2\text{CH}_3$　(b) $\text{CH}_3\text{-CO-C(CH}_3)_3$　(c) $\text{Ph-CO-CH(CH}_3)_2$

問題 13.2

エタナール(CH_3CHO)の pK_E 6.2 であるのに対してフェニルエタナール($PhCH_2CHO$)の pK_E 3.1 である．後者がエノール化しやすい理由を説明せよ．

13.1.2　エノール化の反応機構

エノール化反応は中性水溶液中では遅いが，酸と塩基によって加速される．**塩基触媒エノール化**では，まず強い塩基による脱プロトン化でエノラートイオンが生成し，溶媒からプロトンをとってエノールになる．

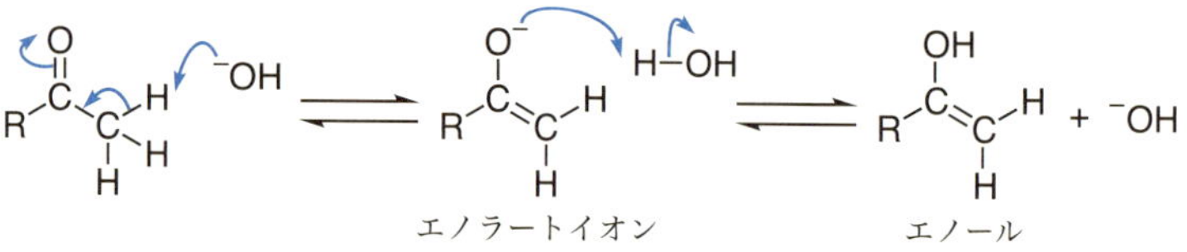

反応 13.2 塩基触媒エノール化の反応機構

一方，**酸触媒エノール化**は，カルボニル酸素のプロトン化から始まる．プロトン化されたカルボニル基は，強い**電子引出し効果**を発揮して，αプロトンが弱塩基の水分子によって引き抜かれるのを助けている．

いずれの機構でも脱プロトン化段階が律速であり，全過程は可逆だ．

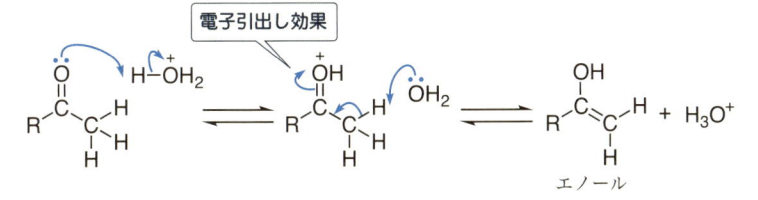

反応 13.3 酸触媒エノール化の反応機構

問題 13.3

エノールがケト形になる反応(ケト化)の反応機構を，塩基触媒(a)と酸触媒(b)の場合について書け．

13.1.3 エノールまたはエノラートを経て起こる反応

単純なアルデヒドやケトンのエノールは，平衡定数 K_E が小さいので，観測できるほど生成しない．それにもかかわらず，エノール化速度を測定できるのはなぜか？ エノール化と同時に観測できる現象や反応があるからだ．

a. 重水素交換とラセミ化

上で示した反応機構からわかるように，エノール化の可逆過程ではカルボニル基のα位で脱プロトン化とプロトン化が起こっている．したがって，反応を重水素溶媒(D_2O)中で行えば，α位で重水素交換が起こる．

反応 13.4 重水素交換反応

また，α位がキラル中心になった光学活性化合物を用いれば，エノール形でこの炭素が sp^2 混成になってキラリティーを失うので，エノール化とともにラセミ化が起こる．

問題 13.4

D_2O 中，塩基で処理したとき，次の化合物のどの H が D に交換されるか．

(a) H-CO-CH₂CH₃   (b) CH₃-CO-CH(CH₃)₂   (c) 2-メチルシクロヘキサノン

b. α-ハロゲン化

エノールそしてさらにエノラートの C=C 二重結合は，電子豊富なア

α-ハロゲン化は全体として置換反応になっている.

ルケンとして，ハロゲン(Cl_2, Br_2, I_2)のような求電子種があればただちに反応する．その結果，カルボニル化合物のα位が<u>ハロゲン化</u>される．

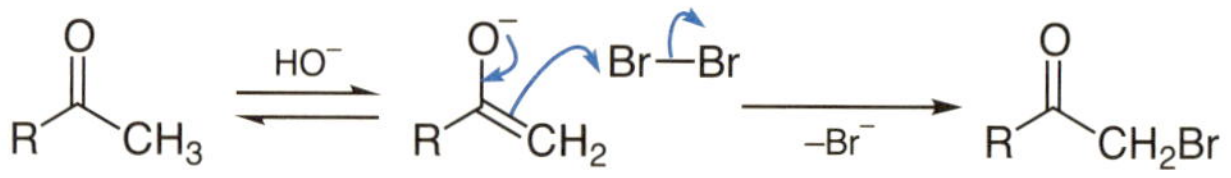

反応 13.5　塩基触媒によるα-ハロゲン化

問題 13.5

酸触媒による次のα-ハロゲン化の反応機構を書け．

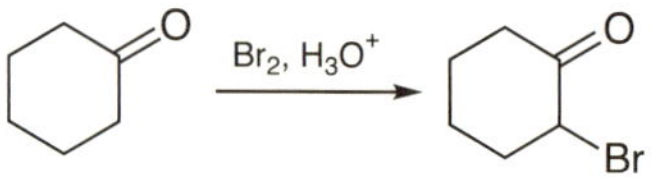

反応 13.5 の例のようにメチルケトンの塩基触媒α-ハロゲン化においては，生成したハロケトンはさらにエノール化されやすいので，メチル基の H が 3 個すべてハロゲン(X)に置き換わる．反応はここで終わらず，C−C 結合が切れる．この最終段階では，X_3C^- が X の電子求引性のために安定で脱離しやすくなっている[*2]．最終生成物はハロホルムとカルボン酸であり，この反応は<u>ハロホルム反応</u>とよばれる．

[*2] 最終段階の反応はエステル加水分解の四面体中間体の脱離過程(11.3.2 項参照)と似ている.

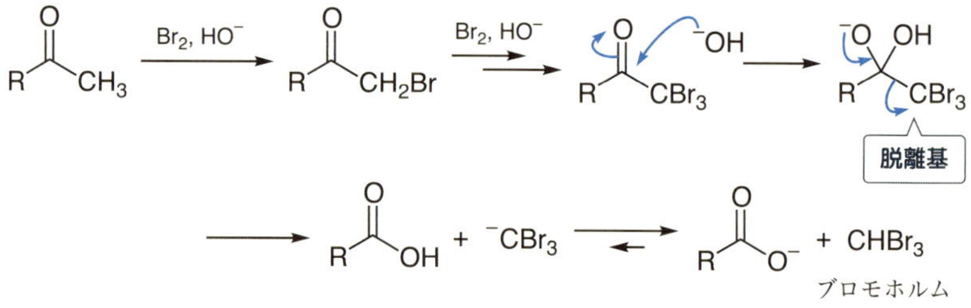

反応 13.6　ハロホルム反応

コラム

ボロディン：作曲家・化学者

　Alexander P. Borodin(1833〜1887)は，グルジア皇太子の私生児として生まれ，化学を専攻したが一般には作曲家"ロシア 5 人組"の一人として有名である．よく知られている"だったん人の踊り"と"だったん人の行進"は歌劇"イーゴリ公"のなかの曲である．化学者としては，C. A. Wurtz (1817〜1884)と同時期にアルドール反応を発見している．また，Hunsdiecker(フンスディーカー)反応として知られるハロゲン化アルキル合成法の一つ($RCO_2Ag + Br_2 \longrightarrow RBr + CO_2 + AgBr$)は，最初に Borodin によって発見されており(1861 年)，Hunsdiecker による再発見は 81 年もあとのこと(1942 年)である．

13.2 アルドール反応

エノラートイオンは求核種として，カルボニル基に付加することもできる．たとえば，アルデヒドに塩基を加えると，生成したエノラートイオンが別のアルデヒド分子に付加し，新しいC−C結合を形成してβ-ヒドロキシアルデヒド（アルドール）を生成する．この反応は一般的に<u>アルドール反応</u>とよばれる．

アルドール反応でアルデヒド2分子が結合をつくるとき，エノラートでα位が求核中心となり求電子的なカルボニル炭素と結合する．同じアルデヒドが求核種と求電子種として反応している．

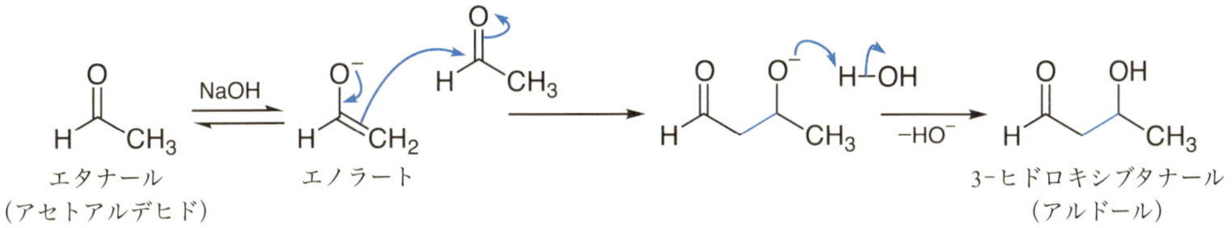

反応 13.7 アルドール反応

プロパナールは次のように反応する．アルドールは，加熱するとさらに反応して E1cB 機構により脱離反応を起こす(7.2.3項参照)．生成物は α,β-不飽和カルボニル化合物だ．

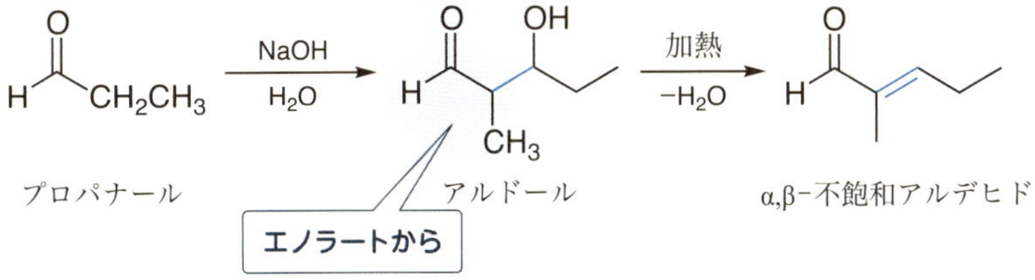

問題 13.6
次のカルボニル化合物を NaOH 水溶液で処理したときに得られるアルドールの構造と，さらに加熱して得られる脱水生成物の構造を示せ．

(a) 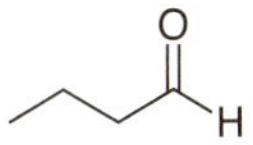　　　　　(b)

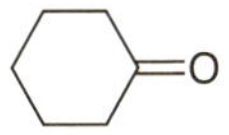

13.3 クライゼン縮合

エノラートイオンがエステルと反応すると，求核付加−脱離により置換反応を起こす．この反応は<u>クライゼン (Claisen) 縮合</u>とよばれる．

たとえば，エタン酸エチルのエタノール溶液にナトリウムエトキシドを加えると，エステルからエノラートが生成し，これがもう1分子のエステルを攻撃して置換反応を起こし，<u>β-ケトエステル</u>を生成する（反応

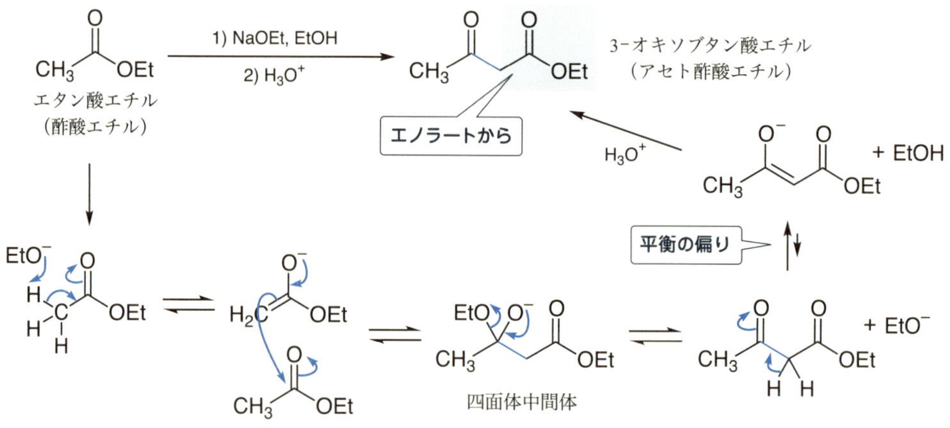

反応 13.8 クライゼン縮合と反応機構

クライゼン縮合を完結するためには塩基が1当量以上必要だ．また，エステルは塩基性水溶液では加水分解を起こすし，塩基性アルコール溶液ではアルコール交換を起こすので，エステルのアルコキシ基と同じアルコールを反応溶媒に用いる．

13.8)．この反応は可逆だが，生成物の酸性度が高いのでアルコキシドを過剰に使えば，平衡は生成物の共役塩基（エノラートイオン）のほうに偏る．最後に酸で処理して生成物を得る．

問題 13.7
プロパン酸エチルを EtOH 中，過剰の NaOEt と反応させ，酸で処理したときに得られる生成物は何か．構造式で示せ．

ジエステルは分子内で縮合して環状化合物を生成することもある．この反応はディークマン (Dieckmann) 縮合とよばれる．

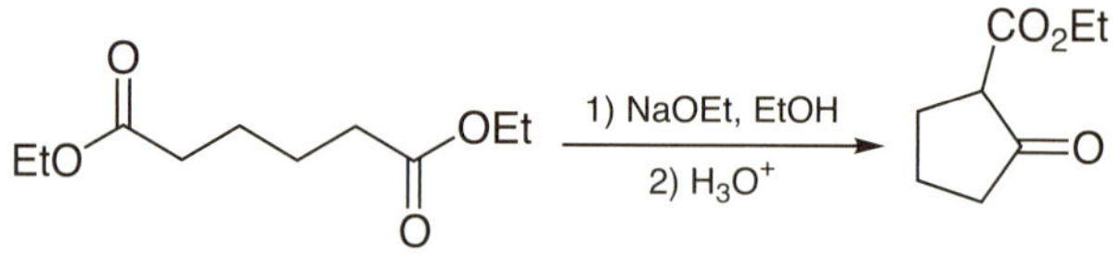

問題 13.8
上のディークマン縮合の反応機構を書け．

β-ケト酸は脱炭酸を起こしやすいので，次のように環状ケトンに導くこともできる．

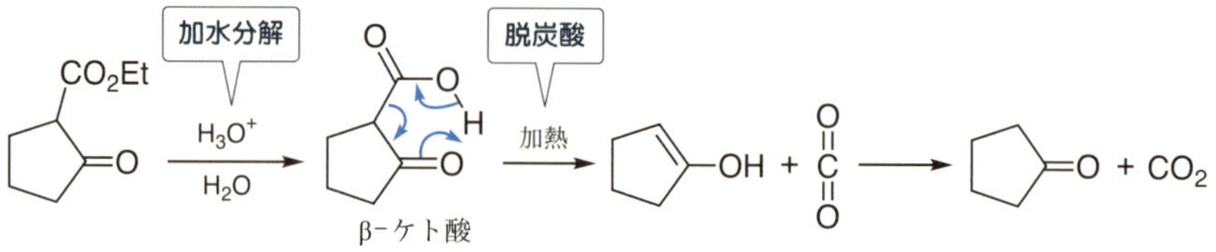

反応 13.9 β-ケト酸の脱炭酸

13.4 エノラートのアルキル化

エノラートイオンが求核種としてハロアルカンと S_N2 反応を起こせば、カルボニル化合物のアルキル化になる．しかし、単純なカルボニル化合物のエノラートは、もとのカルボニル化合物と反応しやすいので、ほかの求電子種とは反応させにくい．

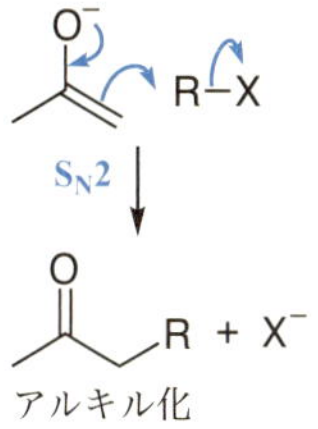

13.4.1 1,3-ジカルボニル化合物のエノラートイオン

二つのカルボニル基にはさまれた位置の水素は酸性度が高く(pK_a<14)，アルコール溶液中でもほとんど完全にエノラートイオンに変換でき，アルドール反応を起こさない．この溶液にハロアルカンを加えれば，S_N2 反応を起こし得る．

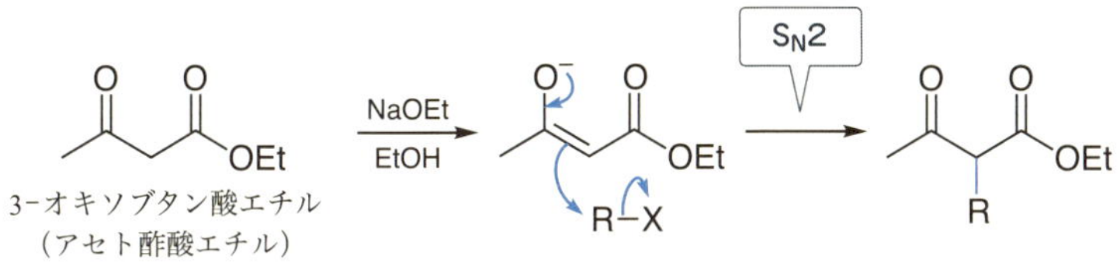

反応 13.10 エノラートイオンのアルキル化

1,3-ジカルボニル化合物の酸性度

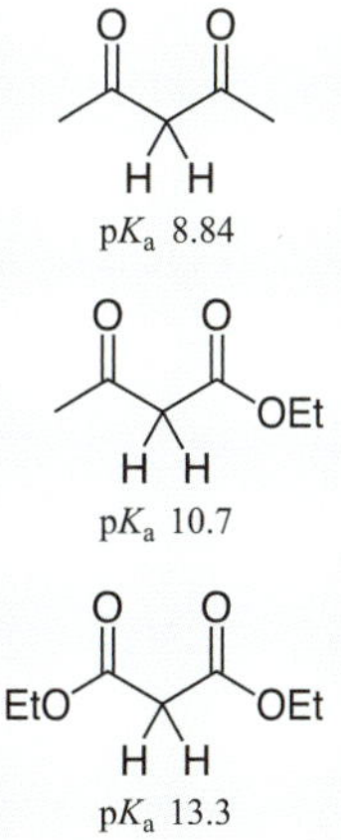

pK_a 8.84

pK_a 10.7

pK_a 13.3

問題 13.9

2,4-ペンタンジオンのエノラートイオンの構造を共鳴で表せ．

反応 13.10 のアセト酢酸エステルのアルキル化生成物を加水分解して β-ケト酸にし，加熱して脱炭酸すればメチルケトンになる．この反応は，アセト酢酸エステル合成ともいわれ，ケトンの合成法となる．

同じ方法をプロパン二酸ジエチル(マロン酸ジエチル)に適用すれば，脱炭酸後の生成物はカルボン酸であり，マロン酸エステル合成とよばれている．

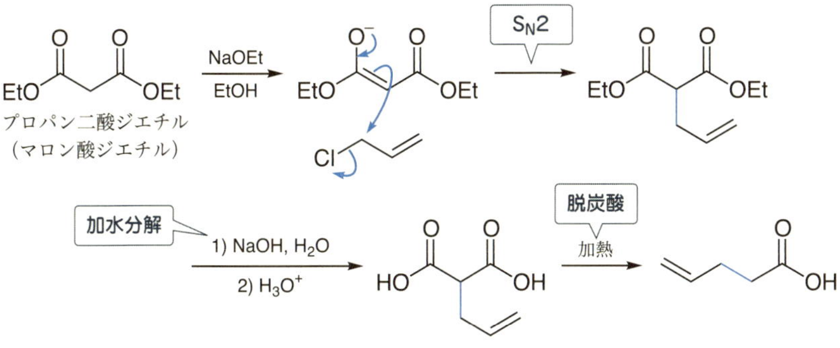

反応 13.11 マロン酸エステル合成の例

問題 13.10

次の反応の主生成物は何か．

(a) MeO$_2$CCH$_2$CO$_2$Me $\xrightarrow[\text{NaOMe, MeOH}]{\text{PhCH}_2\text{Cl}}$

(b) CH$_3$COCH$_2$CO$_2$Et $\xrightarrow[\text{3) 加熱}]{\substack{\text{1) CH}_3\text{I, NaOEt, EtOH} \\ \text{2) H}_3\text{O}^+, \text{H}_2\text{O}}}$

(c) EtO$_2$CCH$_2$CO$_2$Et $\xrightarrow[\text{NaOEt, EtOH}]{\text{Br}\frown\text{Br}}$ EtO$_2$CCHCO$_2$Et(-CH$_2$CH$_2$CH$_2$Br) $\xrightarrow[\text{3) 加熱}]{\substack{\text{1) NaOEt, EtOH} \\ \text{2) H}_3\text{O}^+, \text{H}_2\text{O}}}$

13.4.2 リチウムエノラート

*3 アルデヒドは，低温でもアルドール反応を避けられない．

LDA，よく用いられる強塩基：$(i\text{-Pr})_2$NLi（lithium diisopropylamide：LDA）

強塩基を当量用いてケトン*3 を完全にエノラートに変換し，アルキル化を行えば，アルドール反応を避けることができる．その目的には，立体障害の大きいリチウムアミド LDA がよく用いられる．得られた**リチウムエノラート**は S_N2 反応の求核種となる．

反応 13.12 ケトンのリチウムエノラートの生成とアルキル化

13.4.3 エノラート等価体

エノラートイオンと等電子的な π 電子系をもつ求核性アルケンをカルボニル化合物からつくり，塩基を使うことなくエノラートと同じような反応を行うこともできる．そのようなエノラート等価体の代表は，エナミンとエノールシリルエーテルだ．

エナミンは 11.5 節でみたように，カルボニル化合物と第二級アミンから合成でき，反応性の高いアルキル化剤と反応する．

単純な第一級アルキルハロゲン化物は N-アルキル化の副反応を起こしやすい．

反応 13.13 エナミンを用いるアルキル化

エノールシリルエーテルはエナミンよりも求核性が低いので，ルイス酸を用いてカルボカチオンを発生させて，反応を進める．第三級アルキ

ルハロゲン化物が適当なアルキル化剤になる．

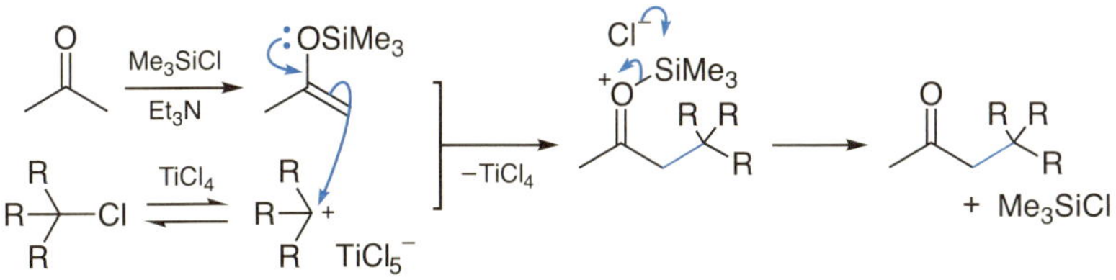

反応 13.14 エノールシリルエーテルを用いるアルキル化

13.5 エノラートの共役付加

エノラートイオンは，ほかの求核種と同じように α, β-不飽和カルボニル化合物に共役付加する．その一例を下に示す．

> エノラートの共役付加をとくにマイケル（Michael）付加という．求核種の共役付加を一般的にマイケル付加ということもある．

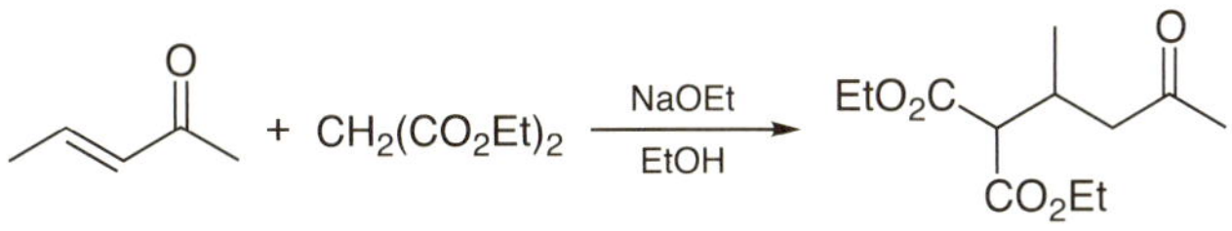

問題 13.11
上の反応がどのように進むか，巻矢印を用いて示せ．

共役付加に続いて分子内アルドール反応を起こすと，反応 13.15 に示すように二つの C–C 結合形成によって環状化合物が得られる．この環化反応は，ロビンソン（Robinson）環化とよばれている．

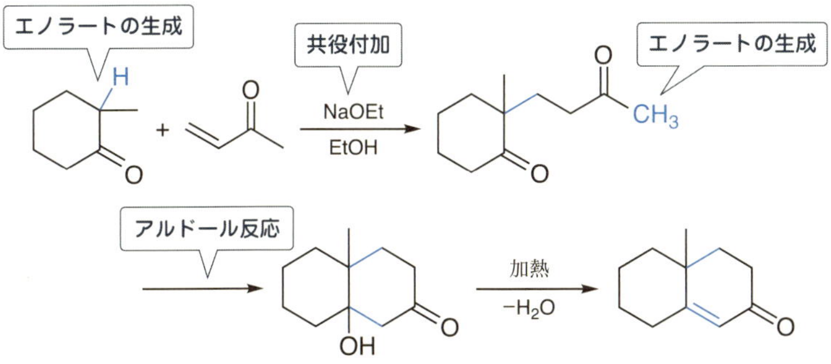

反応 13.15 ロビンソン環化反応の例

問題 13.12
反応 13.15 がどのように進むか，巻矢印を用いて示せ．

生体内のクライゼン縮合

脂肪酸の生合成における重要な過程は,チオエステルのクライゼン縮合である.ここで使われるチオールは補酵素A(HS-CoA)であり,さらにアシルキャリヤータンパク質(HS-ACP)のチオールに置き換わって反応を繰り返し,脂肪酸を合成する.エノラートは強塩基を使う代わりにマロン酸イオンの脱炭酸で生成している.原料はすべて酢酸であり,酵素の働きで反応が進む.その結果,天然の脂肪酸は偶数個の炭素鎖からなる.

14 chapter

生体物質の化学

　かつて有機化合物は生物にしかつくれないと考えられた．しかし，有機化学の発展とともに，フラスコや化学工場における化学が有機化学の大きな分野を占めるようになり，生体や人工にとらわれないで有機化学が体系化されてきた．これまで，おもにフラスコの中の有機反応を学んできたが，有機化学の重要な一面は，生命のしくみを解き明かすための基礎になっているところにある．分子レベルでは，フラスコ内（in vitro）の反応も生体内（in vivo）の反応も同じだ．本章では生命科学の基礎となる生体物質について簡単にまとめておく．

14.1　炭水化物と核酸

　炭水化物は，通常炭素の水和物の組成 $C_n(H_2O)_n$ をもつ．糖質ともよばれ，単糖という基本単位から構成され，その大きさによって二糖，三糖，さらにオリゴ糖，多糖と分類される．核酸はリボースという単糖を基本にして組み立てられた高分子で，遺伝情報を担う重要な生体物質だ．

14.1.1　単　糖　類

　単糖は，ポリヒドロキシアルデヒド（アルドース）あるいはケトン（ケトース）の構造をもつが，おもに五員環または六員環のヘミアセタールの形で存在する（11.2.2項参照）．

　単糖は複数のキラル中心をもっているので，鎖状構造を表すときには炭素鎖を縦にして横に出た結合が手前に向くように描くことが多い[*1]．たとえば，炭素数6のアルドースは4個のキラル中心をもつので，16個の立体異性体が可能になるが，天然に存在するのはD糖[*2]とよばれるエナンチオマーだけである．それでも8種類のジアステレオマーがあ

単糖の五員環ヘミアセタール形はフラノース，六員環ヘミアセタール形はピラノースとよばれる．

[*1]　この分子構造の表し方はフィッシャー（Fischer）投影式という書き方に基づいており，フィッシャー投影式では横の結合もくさび結合を使わないで表す．

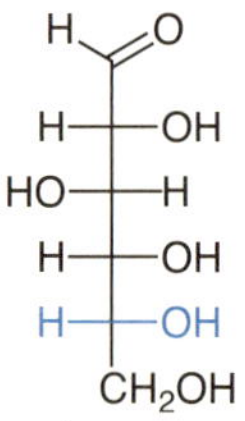

D-グルコースの
フィッシャー投影式

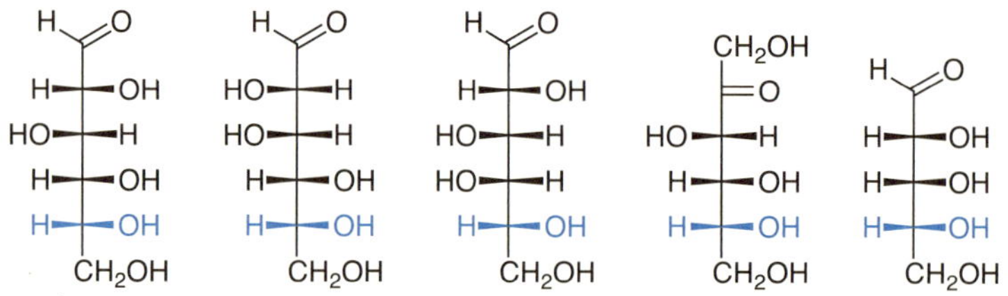

*2 D糖は，カルボニル基からいちばん遠いキラル炭素C5(図14.1で青色)の立体配置で定義されており，フィッシャーの書き方でOHが右に出ている(R配置)ものである．C5のOHが左に出ていれば(S配置)，L糖になる．前につけるD/L-はスモールキャピタルで書く(5章のコラム「化学者は賭けに勝った」を参照すること).

D-グルコース　D-マンノース　D-ガラクトース　D-フルクトース　D-リボース

図14.1 代表的な単糖

り，それぞれが別の種類の単糖となる．

図14.1には炭素数6のアルドース三つとケトース一つの構造を示した．D-グルコースがデンプンとセルロースをつくっている．それに，核酸の構成単位になる炭素数5のD-リボースの構造を示している．

D-グルコースは，溶液中で環状構造と平衡になっており，六員環ヘミアセタールはいす形になっている(反応14.1)．ヘミアセタールを形成するとき，鎖状構造のカルボニル炭素が新しくキラル中心(**アノマー炭素**とよばれる)になるので，二つの立体異性体が生じる．アノマー炭素がR配置でOHがエクアトリアルになるものを**βアノマー**，S配置でOHがアキシアルになるものを**αアノマー**といい，両者はジアステレオマーとして異なる旋光度をもつので，反応14.1の異性化の平衡がずれると旋光度が変化する．そのことからこの反応は，**変旋光**とよばれる．反応14.1は，水溶液の平衡状態を示している．

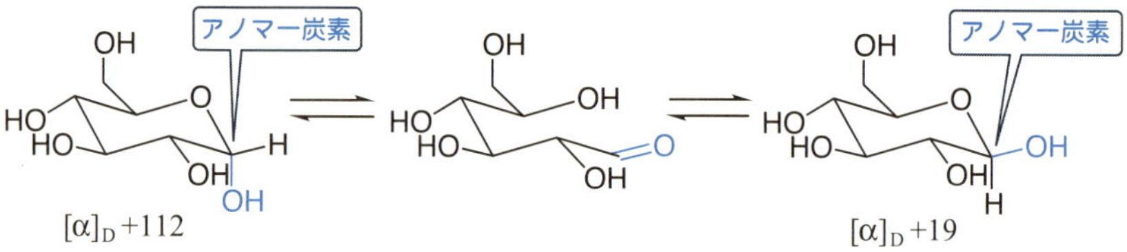

[α]$_D$ +112　　　　　　　　　　　　　　　　　　　　　　　[α]$_D$ +19
α-D-グルコピラノース　　鎖状 D-グルコース　　β-D-グルコピラノース
36%　　　　　　　　　<0.1%　　　　　　　　　　64%

反応14.1 D-グルコースの平衡反応(変旋光)

アルドースは，通常のアルデヒドと同じように酸化されやすく，Ag(Ⅰ)やCu(Ⅱ)を還元する．このような還元作用をもつ糖を**還元糖**という．フルクトースはケトースであるにもかかわらず，還元糖である．水溶液で簡単にエノール化される(13.1節参照)ので，すばやく異性化してアルドースになるからだ．

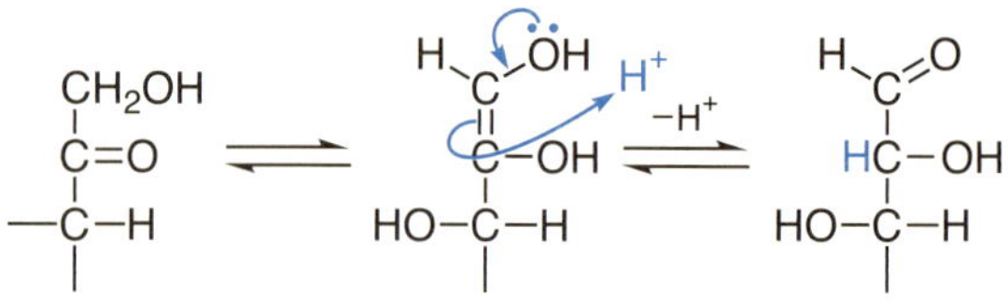

ケトース　　ジエノール中間体　　アルドース

14.1.2 二糖類と多糖類

二糖は，一つの単糖がアノマー炭素で，別の単糖とエーテル結合（この結合を**グリコシド結合**という）でつながったものである．グルコースが2分子つながると，アノマー炭素の立体配置によってマルトースとセロビオースができる．

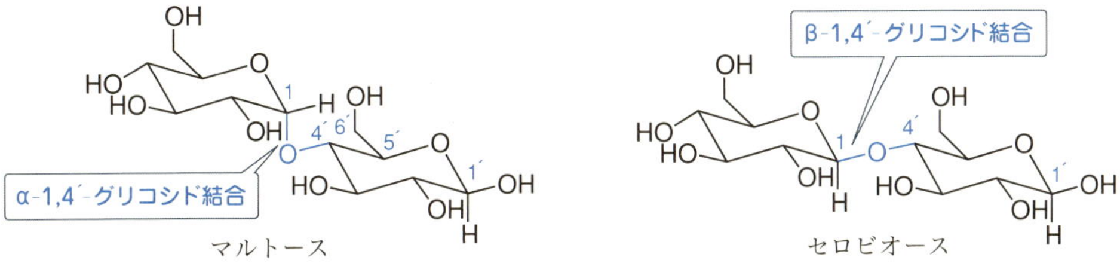

マルトース　　　　　　　セロビオース

マルトースでは，一方のグルコースが α-グリコシド結合で，もう一つのグルコースの C4 で結合している．このような α-1,4′-グリコシド結合でグルコースの多糖をつくると**デンプン**[*3]になる．**セロビオース**は，β-1,4′-グリコシド結合でグルコースがつながった二糖で，この形で多糖をつくると**セルロース**になる．

デンプンとセルロースは，いずれもグルコースのポリマーだが，立体化学の違いのために性質はまったく異なる．ヒトの消化酵素は α-グリコシド結合だけしか分解できないので，セルロースは栄養にならない．

乳糖ともよばれる**ラクトース**は，哺乳動物の乳に含まれ，ガラクトースとグルコースが β-1,4′-グリコシド結合でつながった構造をしている．砂糖としてなじみ深い**スクロース**は，グルコースとフルクトースがアノ

[*3] デンプンのこの成分はアミロースとよばれる．

コラム

トレハロース

トレハロース(trehalose)は，α-グルコースが 1,1-グリコシド結合でつながった二糖であり，バッタやハチなどの昆虫やエビは血糖としてエネルギー源に用いている．キノコや一部の植物にも含まれており，乾燥や凍結に対して細胞を守る役目をしている．乾燥状態で何年も生き延びられる動物や砂漠の植物はトレハロースに守られ，雨が降ると復活する．干しシイタケがよく水で戻るのもトレハロースを含むためだといわれているが，これらの機構はいまもよくわかっていない．

トレハロースをでんぷんから工業的に生産する方法が，日本の企業により1994年に開発され，加工食品や化粧品などにも幅広く用いられている．砂糖の約45%の甘味をもつがヒトの栄養にはならない．食品においては，栄養素の品質保持効果をもち，強力な保水効果で食感を保ち，苦みや渋み，不快臭などを押さえる効果もあるといわれる．また保湿成分として化粧品や入浴剤に使用されている．

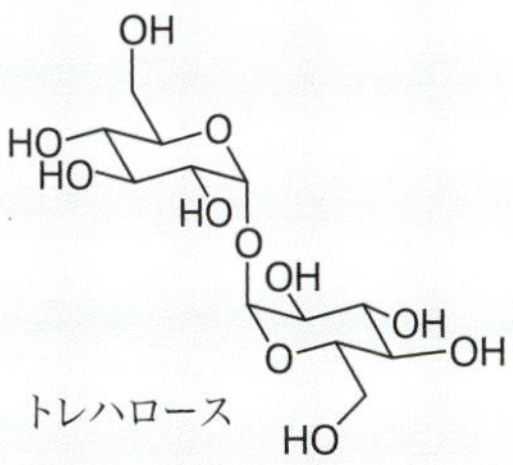

トレハロース

マー炭素どうしでつながった構造をもっている．

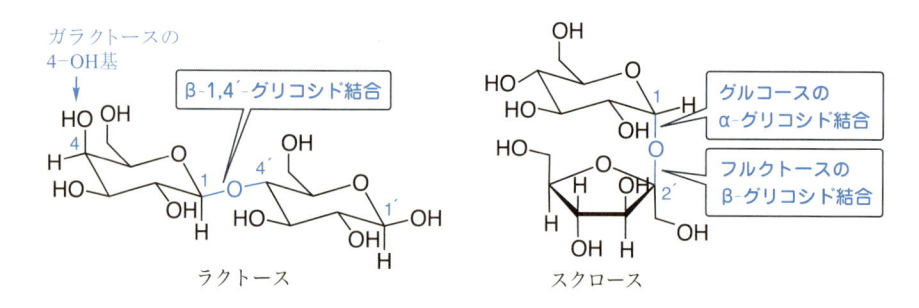

ラクトース

スクロース

問題 14.1
デンプンには α-1,6′-グリコシド結合で枝分かれした部分もある．このアミロペクチンとよばれる枝分かれした糖鎖の構造を示せ．

問題 14.2
ラクトースの構造はセロビオースの構造と似ているが，異なるのはどこか．

問題 14.3
マルトースやラクトースは還元糖に分類されるのに，スクロースは非還元糖である．その理由を説明せよ．

14.1.3 ヌクレオシド，ヌクレオチドと核酸

核酸の構成要素になる**ヌクレオシド**は，D-リボース（または 2-デオキシ-D-リボース）のアノマー位 OH が，**核酸塩基**とよばれるヘテロ環と置き換わったものだ[*4]（図 14.2）．ヌクレオシドの 5′-リン酸エステルが**ヌクレオチド**とよばれ，このリン酸結合を介してできたポリマーが**核酸**だ（図 14.3）．核酸には D-リボースからなる**リボ核酸（RNA）**と 2-デ

[*4] アノマー位 OH が N（アミン）と置き換わったものを一般的に N-グリコシドという．

D-リボース

2-デオキシ-D-リボース
（2位の O がない）

ヌクレオシド

ヌクレオチド

プリン　　　　　　　　　　　　　ピリミジン

アデニン（A）　　グアニン（G）　　シトシン（C）　　ウラシル（U）（R = H）
　　　　　　　　　　　　　　　　　　　　　　　　　チミン（T）（R = CH_3）

図 14.2 核酸塩基とヌクレオシド，ヌクレオチド

図 14.3 核酸の構造

図 14.4 水素結合による核酸塩基対

オキシ-D-リボースからなる**デオキシリボ核酸（DNA）**がある.

ヌクレオチドは，核酸だけでなく，生体のエネルギー輸送体になるATP（アデノシン 5′-三リン酸）や種々の重要な生体物質にもみられる.

核酸塩基にはプリンとピリミジンを基本骨格とする5種類がある（図14.2）が，ウラシルはRNA，チミンはDNAのみに存在し，それぞれの核酸において4種類の塩基の配列で遺伝暗号をつくっている．これらの塩基は，水素結合で図14.4の組合せで特異的な塩基対をつくる．

この特異的塩基対によってDNAは**二重らせん**を形成する．らせんを形成している2本のDNA鎖は**相補的**であるといわれ，同じ遺伝情報をもっている．これらは互いに相補的な新しいDNA鎖を合成するための鋳型として働く（図14.5）.

DNA鎖の核酸塩基4個のうち3個ずつがセットになり，その並び方

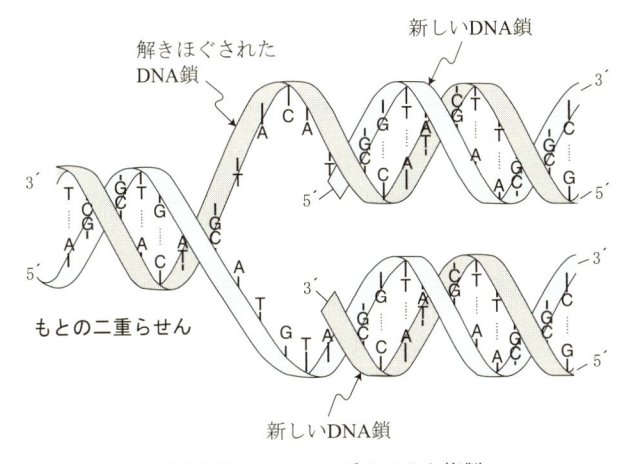

図 14.5 DNAの二重らせんと複製

実際には，遺伝情報が DNA から RNA に転写されて，RNA からタンパク質が合成される．

(64 種類可能)で，20 種のアミノ酸を指定する暗号になっている(トリプレットコードという)．核酸はこの暗号を使って，細胞でタンパク質を合成するときにアミノ酸の配列を決める．

14.2 アミノ酸とタンパク質

タンパク質はアミノ酸がアミド結合(ペプチド結合)でつながってできたポリマーであり，生体の構造をつくるだけでなく，酵素として生体反応を制御したり，ヘモグロビンのように酸素輸送体になったりして，生命維持に重要な役割をもっている．

L-α-アミノ酸の構造

双性イオン構造

14.2.1 アミノ酸

アミノ酸は，塩基と酸を同時にもっているので，双性イオンとして存在する．天然の α-アミノ酸 は 20 種類(表 14.1)あり，グリシンを除いてすべてキラルで L 系列[*5]とよばれる立体配置をもっている．

[*5] フィッシャーの書き方では NH_2 が左側に出ており，システイン以外は S 配置に相当する．

> **問題 14.4**
>
> アミノ酸のイオン化状態は水溶液の pH によって変化する．pH 2.0, 7.0, 10.0 におけるアラニンの主要な構造を書け．

> **問題 14.5**
>
> アミノ酸の分子全体として電荷をもたない形が最も多くなる pH を等電点という．セリンとアスパラギンの等電点を計算せよ．

14.2.2 ペプチド

一つのアミノ酸のアミノ基と別のアミノ酸のカルボキシ基とがアミド結合をつくってできる化合物をペプチドという．このアミド結合はペプチド結合ともいう．たとえば，アラニンとセリンから生成するジペプチドには，アミノ基とカルボキシ基がどちらから来ているかで 2 種類の可能性がある．遊離のアミノ基をもつアミノ酸を N 末端アミノ酸残基といい，遊離のカルボキシ基をもつアミノ酸を C 末端アミノ酸残基という．構造を書くときは N 末端を左から書く習わしになっており，名称も N 末端から命名されるので，右に示すようになる．

アラニルセリン (Ala-Ser)

セリルアラニン (Ser-Ala)

8.5 節でみた補酵素のグルタチオンはトリペプチドだが，アミド結合の一つがグルタミン酸の側鎖カルボン酸を使ってつくられている．

ペプチドには，ホルモンなど生理作用をもつものも多い．脳内物質のエンケファリンはペンタペプチドで鎮痛作用をもち，アンギオテンシン II はオクタペプチドで強力な血管収縮作用をもつ．インスリンは 21 個のアミノ酸残基からなるペプチド鎖と 30 個のアミノ酸残基からなるペプチド鎖がシステインのジスルフィド結合で橋かけされた構造をもつ．

表 14.1　α-アミノ酸の構造と pK_a 値

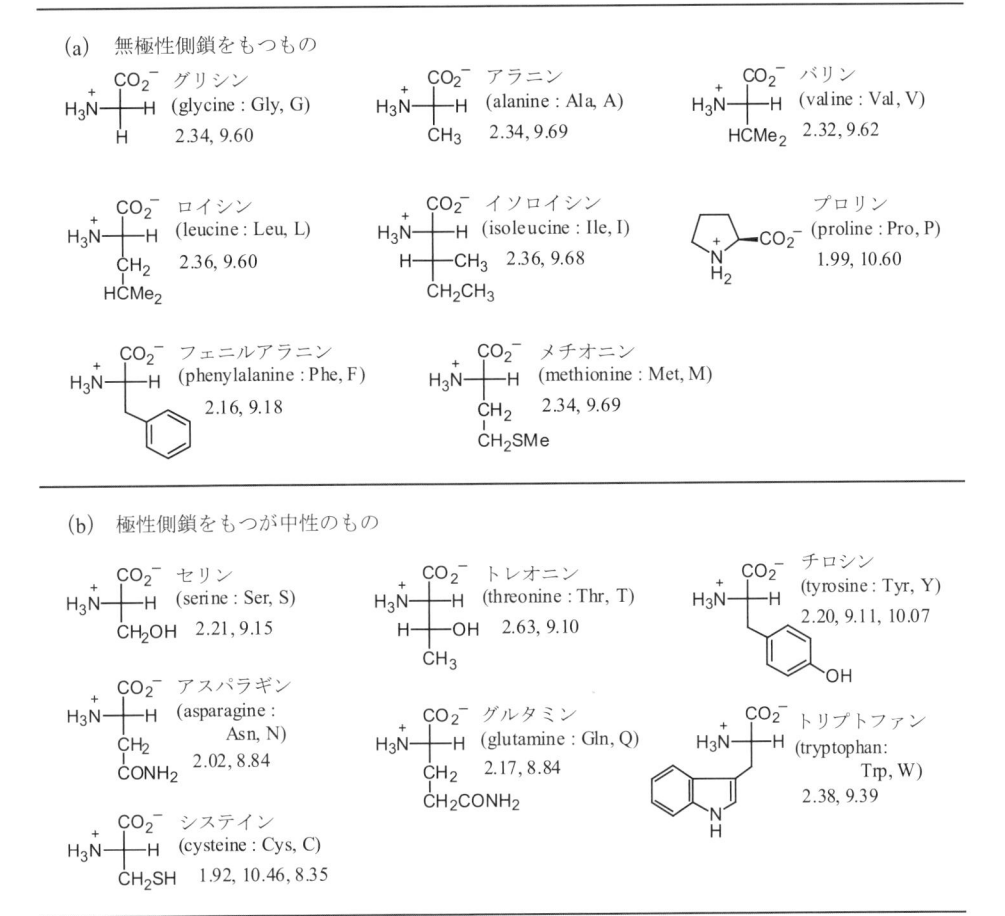

(a) 無極性側鎖をもつもの

グリシン (glycine : Gly, G)　2.34, 9.60
アラニン (alanine : Ala, A)　2.34, 9.69
バリン (valine : Val, V)　2.32, 9.62
ロイシン (leucine : Leu, L)　2.36, 9.60
イソロイシン (isoleucine : Ile, I)　2.36, 9.68
プロリン (proline : Pro, P)　1.99, 10.60
フェニルアラニン (phenylalanine : Phe, F)　2.16, 9.18
メチオニン (methionine : Met, M)　2.34, 9.69

(b) 極性側鎖をもつが中性のもの

セリン (serine : Ser, S)　2.21, 9.15
トレオニン (threonine : Thr, T)　2.63, 9.10
チロシン (tyrosine : Tyr, Y)　2.20, 9.11, 10.07
アスパラギン (asparagine : Asn, N)　2.02, 8.84
グルタミン (glutamine : Gln, Q)　2.17, 8.84
トリプトファン (tryptophan : Trp, W)　2.38, 9.39
システイン (cysteine : Cys, C)　1.92, 10.46, 8.35

(c) 酸性側鎖をもつもの

アスパラギン酸 (aspartic acid : Asp, D)　2.09, 9.82, 3.86
グルタミン酸 (glutamic acid : Glu, E)　2.19, 9.67, 4.25

(d) 塩基性側鎖をもつもの

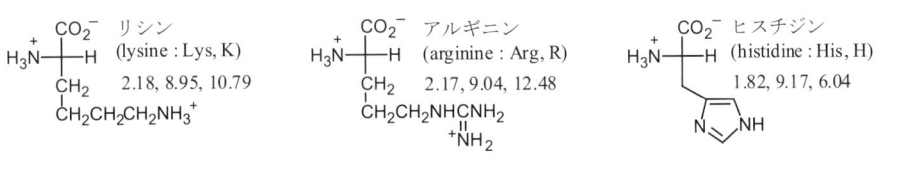

リシン (lysine : Lys, K)　2.18, 8.95, 10.79
アルギニン (arginine : Arg, R)　2.17, 9.04, 12.48
ヒスチジン (histidine : His, H)　1.82, 9.17, 6.04

pH 7.0 におけるおもな形で示し, ( ) 内に英語名と 2 通りの略号を示した. 名称の下の数値が pK_a 値であり, カルボキシ基, アミノ基, 側鎖の順に示してある.

問題 14.6
人工甘味料のアスパルテームはアスパラギン酸とフェニルアラニンからなるジペプチド(Asp-Phe)のC末端がメチルエステルになった構造をもっている．アスパルテームの構造を示せ．

14.2.3 タンパク質

タンパク質は，分子量数千〜数百万の巨大ペプチドであり，核酸の暗号に従って特定のアミノ酸配列(一次構造)につくりあげられ，さらに決まった三次元構造を形成して機能を発揮している．

タンパク質の立体構造は，ペプチド結合の平面性と水素結合の形成によるところが大きい．ペプチド結合のアミド水素とカルボニル基が水素結合をつくって**αヘリックス**と**βプリーツシート**(または**βシート**)という2種類の二次構造をつくっている(図14.6)．さらに水素結合，静電力やファンデルワールス力，そしてシステイン残基間でつくられるS-S結合(8.5節参照)によって，三次構造を形成している．こうしてできたタンパク質分子がさらに集合体をつくっている(四次構造)．

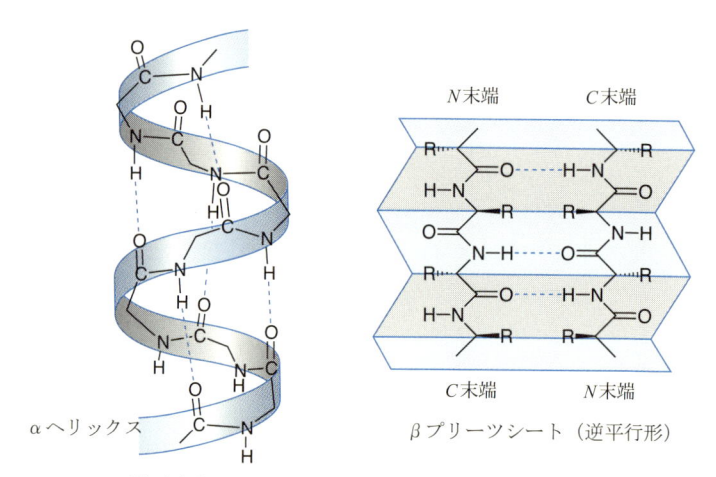

図 14.6 タンパク質の二次構造の部分的な模式図

αヘリックスは右巻きらせんであり，4残基離れたペプチド結合が水素結合を形成している．βプリーツシート構造には逆平行形と平行形がある．

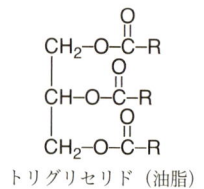

14.3 脂　質

脂質は，無極性有機溶媒で抽出できる天然物として定義されているので，化学構造はさまざまだ．

トリグリセリド(油脂)

14.3.1 油　脂

油脂は，脂肪酸(カルボン酸)とグリセリンのエステルで，トリグリセリドともいわれる．室温で固体のものは脂肪といわれ，動物脂肪として得られるが，液体の油はおもに植物から得られる．

脂肪酸は，偶数炭素からなる直鎖カルボン酸で，炭素数はおもに12～22である．飽和脂肪酸とシス二重結合をもつ不飽和脂肪酸があるが，二重結合のところで曲がりができて結晶を形成しにくくなるので，不飽和脂肪酸の融点は一般に低い．植物油は，より多くの不飽和脂肪酸成分を含むので融点が低い．これを部分的に水素化して硬化油がつくられ，マーガリンの原料に使われる．

ステアリン酸 mp 70 ℃　　リノール酸 mp −5 ℃

14.3.2 リン脂質

リン脂質にはホスホグリセリドとスフィンゴ脂質の2種類があり，極性のリン酸エステルに2本の炭化水素鎖をそなえた特徴的な構造をもつ．

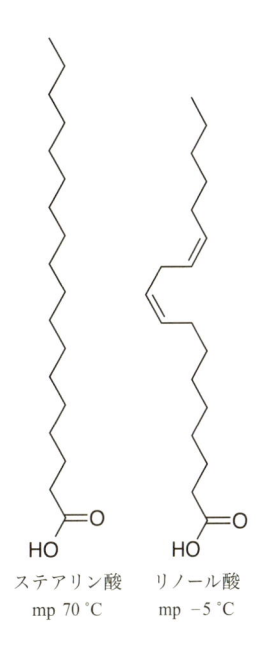

ホスファチジルコリン（レシチン）　　ホスファチジルエタノールアミン（セファリン）　　スフィンゴミエリン

リン脂質の分子は，イオン性の頭部と無極性の尾部を2本もっているのが特徴であり，図14.7に示すように会合[*6]して二重層をつくり，細胞膜を形成する．

[*6] この会合は，セッケン分子がミセルをつくるのと似ている．

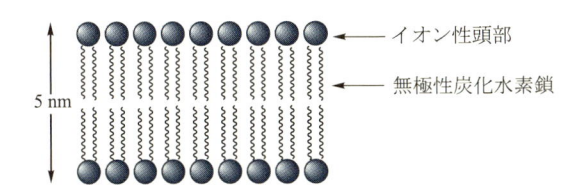

図 14.7　ホスホグリセリドの会合によって形成された細胞膜の脂質二重層

コラム

ミ セ ル

脂肪のアルカリ加水分解で得られる脂肪酸のナトリウム塩あるいはカリウム塩が**セッケン**であり(11.3節)，長いアルキル鎖の非極性部とイオン性のカルボキシラート基をもつ．非極性部は，極性の水を避けて分散力によって集まる傾向がある(この傾向を**疎水性**という)．一方，カルボキシラート基は水と強い水素結合をつくるので**親水性**である．その結果，このような分子は水溶液中でミセルをつくる．疎水性部が集合して球状になり，カルボキシラート基が表面を形成するのである．セッケンは脂肪などの油汚れのもとになる分子をミセルの内部に取込んで洗浄効果を発揮する．

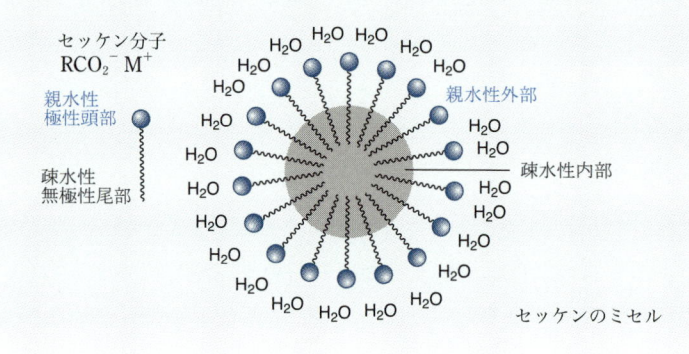

セッケンのミセル

14.3.3 テルペンとステロイド

*7 酸素を含むものはテルペノイドといわれる．

テルペンは，イソプレンの炭素骨格を構成単位にした構造をもつアルケン*7 であり，植物の精油に含まれ香りと風味のもとになっている．

ミルセン（月桂樹）　ゲラニオール（バラ）　リモネン（レモン，オレンジ）　カルボン（スペアミント油）　メントール（ハッカ油）

リコペン（トマト）

β-カロテン（ニンジン）

イソプレン

イソプレン単位は炭素数5なので，どのテルペンも5の倍数の炭素原子を含み，炭素数10のものをモノテルペン，15のものをセスキテルペン，20のものをジテルペンというように総称する．イソプレン単位をつなぐ結合を青色で示している．

ビタミンA

ステロイドは特徴的な四環性の構造をもつ脂質の一種であり，生体内ではテルペンから合成される．

代表的なステロイドの一つ，コレステロールはすべての動物の細胞に存在し，生体膜の構成成分であり，性ホルモン，副腎皮質ホルモン，ビタミンDの前駆体である．コール酸はヒトの胆汁成分で，その塩あるいはアミド誘導体が界面活性剤となり，脂肪を乳化して吸収と消化を助ける．女性ホルモンはエストロゲン，男性ホルモンはアンドロゲンと総称され，重要な生理作用をもつ．その一例を下に示す．

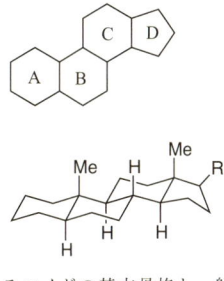

ステロイドの基本骨格と一般的な構造

代表的なステロイド：

コレステロール

コール酸（Y = OH）
胆汁塩（Y = NHCH$_2$CH$_2$SO$_3^-$Na$^+$）

エストラジオール
（女性ホルモン）

テストステロン
（男性ホルモン）

14.3.4 エイコサノイド

脂肪酸の一つに，**アラキドン酸**という炭素数20の不飽和カルボン酸がある．この脂肪酸から誘導されるC$_{20}$の**エイコサノイド**という一群の化合物は，ロイコトリエン，プロスタグランジン，トロンボキサンなど，ごく微量で強い生理活性をもつ．これらの化合物はいずれも不安定で，局所的に細胞でつくられ，炎症，凝血，受精，免疫反応などに関係している．医薬品として合成プロスタグランジンや関連化合物の研究・開発が活発に行われている．

アラキドン酸

プロスタグランジンF$_{2\alpha}$

トロンボキサン A₂ の化学構造 ロイコトリエン B₄ の化学構造

スクアレンからステロイドの生合成

　トリテルペンの一つであるスクアレンの二重結合が酵素触媒によりエポキシ化され，ついで酸触媒によるエポキシドの開環が二重結合への求電子付加による多段階の環化の引き金になる．環化して生じたカルボカチオン（プロトステロールカチオン）は水素とメチル基の1,2-移動による転位を起こしてラノステロールを与える．さらに多くの異なる酵素の作用によって三つのメチル基を取り去り，コレステロールに導かれる．ほかのすべてのステロイドは，コレステロールから合成されている．

索　引

あ

IUPAC 規則　25
IUPAC 名　25
アキシアル結合(axial bond)　39
アキラル(achiral)　41
アシル化(acylation)　86, 87
アセタール(acetal)　99
アセタール化(acetalization)
　　酸触媒——　99
N-アセチル化(N-acetylation)
　92
アセト酢酸エステル合成
　(acetoacetic ester synthesis)
　121
アニオン(anion)　3
アニオン重合(anionic
　polymerization)　110, 114
アニリン(aniline)　34, 92
アノマー(anomer)　126
アノマー炭素(anomeric carbon)
　126
アミグダリン(amygdalin)　98
アミジン(amidine)　34
アミド(amide)　101
　——の還元　106
アミノ酸(amino acid)　130
アミノ酸配列(amino acid sequence)
　132
アミロース(amylose)　127
アミン(amine)
　——の塩基性　34
　アルデヒド, ケトンとの反応
　　101
アラキドン酸(arachidonic acid)
　135
アラニン(alanine)
　——の立体異性体　42
アリル型カチオン(allylic cation)中
　間体
　1,3-ブタジエンの付加におけ
　　る——　81
R, S 配置　43

RNA　128
アルカリ加水分解　(alkaline
　hydrolysis)
　エステルの——　101
アルカン(alkane)　21
　——の名称　21
　——の立体配座　37
アルキル化(alkylation)　86, 87
　エノラートの——　121
アルキル基(alkyl group)　90
アルキル銅リチウム(lithium
　alkylcuprate)
　α, β-不飽和カルボニル化合物と
　の反応　109
アルキルリチウム(alkyllithium)
　α, β-不飽和カルボニル化合物
　との反応　109
アルキン(alkyne)　22
　——のオキシ水銀化　80
　——への求電子付加　80
　水素化　84
アルケン(alkene)　22
　——のオゾン分解　84
　——の酸化反応　83
　——の水和反応　78
　——への求電子付加　77
　水素化　84
　ハロゲン化水素の付加　77
　ハロゲンの付加　80
アルコール(alcohol)
　——の酸化　74
　——の酸触媒反応　69
　——の水素結合　27
　——の脱水反応　71
　——の反応　69
　——の保護　113
　オキシ水銀化による合成　79
　カルボニル基への求核付加
　　96
　グリニャール反応による合成
　　108
　ハロゲン化水素との反応　69
　ヒドロホウ素化による合成
　　79

アルデヒド(aldehyde)　95
　——の水和反応　96
　アミンとの反応　101
アルドース(aldose)　125
アルドール(aldol)　65
　——の E1cB 反応　65
アルドール反応(aldol reaction)
　119
R 配置　43
α-アミノ酸(α-amino acid)　130
　——の構造　131
　——の pK_a　131
αヘリックス(α helix)　132
アレン(allene)　46
アレーン(arene)　22
アンチ形(*anti* form)　38
アンチ脱離(*anti* elimination)　64
アンチ付加(*anti* addition)　80
安定性(stability)
　カルボカチオンの——　62
　ベンゼニウムイオンの——
　　88
アンドロゲン(androgen)　135

い

E1cB 反応(機構)　65
　アルドールの——　65
E1 反応(機構)(E1 reaction)　63,
　65
　S_N1 反応との競争　64
E, Z 命名法　45
E2 反応(機構)(E2 reaction)　64
硫黄化合物(sulfur compound)
　75
　キラル——　46
イオン結合(ionic bond)　4
イオン反応(ionic reaction)⇒極性反
　応
いす形立体配座(chair conformation)
　39
異性体(isomer)　19
一次反応(first-order reaction)
　61

索　引

位置選択性（regioselectivity）　78
　　脱離反応の――　66
一段階反応（one-step reaction）
　　52
遺伝情報（genetic code）　130
1,2-移動（1,2-shift）　72
イミニウムイオン（iminium ion）
　　101
イミン（imine）　101
イミン生成の反応機構　102
医療用接着剤　110
陰イオン⇨アニオン
飲酒テスト　74

う

右旋性（dextrorotatory）　47

え

エイコサノイド（eicosanoid）
　　135
HOMO⇨最高被占分子軌道
HOMO-LUMO 相互作用（HOMO-
　　LUMO interaction）　54
液体（liquid）　27
エクアトリアル結合（equatorial
　　bond）　39
S_N1 反応（機構）（S_N1 reaction）　61,
　　73
　　E1 反応との競争　64
　　S_N2 反応との競争　63
S_N2 反応（機構）（S_N2 reaction）　59
　　S_N1 反応との競争　63
S_N2 反応性（S_N2 reactivity）　60
s 軌道（s orbital）　1
s 性（s character）　15, 31
エステル（ester）　96, 100
　　――生成　100
　　――のアルカリ加水分解　101
　　――の加水分解　100
　　――の求核置換反応　96
エステル化（esterification）
　　酸触媒――　100
エストロゲン（estrogen）　135
S 配置　43
エタン（ethane）
　　――の分子構造　13
エチン（ethyne）
　　――の結合　15
　　――の分子軌道　15
　　――の分子構造　15
エテホン（ethephone）　76
エーテル（ether）

　　――の酸触媒反応　69
エテン（ethene）　76
　　――の結合　14
　　――の分子構造　14
エナミン（enamine）　102, 122
エナミン生成反応　102
エナンチオマー（enantiomer）　42
NADH　108
NAD^+⇨ニコチンアミドアデノシン
　　ジヌクレオチド
$NaBH_4$⇨水素化ホウ素ナトリウム
N 末端アミノ酸残基（N-terminal
　　amino acid residue）　130
エネルギー関係（energy profile）
　　1,3-ブタジエンの付加反応　82
エネルギー準位（energy level）
　　原子軌道の――　2
　　混成軌道の――　16
エネルギー変化（energy profile）
　　反応の――　52
エノラート（enolate）
　　――のアルキル化　121
　　――の共役付加　123
　　――の反応　115
エノラートイオン（enolate ion）
　　115
　　1,3-ジカルボニル化合物の――
　　121
エノラート等価体（enolate
　　equivalent）　122
エノール（enol）　80
エノール化（enolization）　115
　　――の反応機構　116, 117
　　――の平衡　115, 116
　　塩基触媒――　116
　　酸触媒――　116
エノール形（enol form）　115
エノールシリルエーテル（enol silyl
　　ether）　122
エポキシ化（epoxidation）　83
エポキシド（epoxide）　58, 73, 83
　　――の塩基触媒開環反応　74
　　――の開環　73
　　――の酸触媒開環反応　73
エリトロース（erythrose）　44
$LiAlH_4$⇨水素化アルミニウムリチ
　　ウム
L 系列　130
LDA　122
LUMO⇨最低空分子軌道
HCl 付加（2-メチルプロペンへの）
　　78
塩化チオニル（thionyl chloride）
　　73

塩基触媒（base catalyst）　73, 97,
　　116, 118
塩基触媒反応（base-catalyzed
　　reaction）
　　エノール化　116
　　エポキシドの開環　74
　　α-ハロゲン化　118
塩基性（basicity）
　　アミンの――　34
　　酸素化合物の――　35
　　有機化合物の――　33
塩基性度（basicity）　31, 33

お

オキシ水銀化（oxymercuration）
　　アルケンの――　79
　　アルキンの――　80
オキシラン（oxirane）⇨エポキシド
オクタン価（octane rating）　23
オクテット則（octet rule）　3
オゾニド（ozonide）　84
オゾン層（ozone layer）　67
オゾン分解（ozonolysis）
　　アルケンの――　84
オルトエステル（orthoester）　100
オルト攻撃（ortho attack）　89
オルト・パラ配向性（ortho-para
　　orientation）　90

か

開環（ring opening）
　　エポキシドの――　73
回転異性体（rotational isomer）⇨立
　　体配座異性体
核酸（nucleic acid）　125, 128
核酸塩基（nucleobase）　128, 129
核酸塩基対
　　水素結合による――　129
化合物（compound）　2
重なり形配座（eclipsed conforma-
　　tion）　37, 38
過酸（peracid）　83
加水分解（hydrolysis）
　　アルカリ――　100
　　エステルの――　100
　　酸触媒――　100
カチオン（cation）　3
カチオン重合（cationic polymeriza-
　　tion）　114
活性化エネルギー（activation energy）
　　52
活性化基（activating group）　90

価電子(valence electron) 3
カニッツァロ反応(Cannizarro reaction) 107
カーボンナノチューブ(carbon nanotube) 94
加溶媒分解(solvolysis) 63
空軌道(unoccupied(vacant)orbital) 11, 53
カルボアニオン(carbanion) 33
カルボアニオン中間体(carbanion intermediate) 65
カルボカチオン(carbocation)
　——の安定性　62
　——の1,2-水素移動　72
　——の転位　72
カルボカチオン中間体(carbocation intermediate) 61, 78
カルボニル化合物(carbonyl compound)
　——の反応性　99
　——のヒドリド還元　106
カルボニル基(carbonyl group)
　——における求核置換　95
　——の保護　113
　——ヒドリド還元　105
　——への求核付加　95
カルボン酸誘導体(carboxylic acid derivative) 96
　——の反応性　101
カーン・インゴールド・プレローグ順位則(Cahn-Ingold-Prelog sequence rule)⇒CIP順位則
還元(reduction) 106
還元糖(reducing sugar) 126
緩衝液(buffer solution) 30
環状ヘミアセタール(cyclic hemiacetal) 97
官能基(functional group) 21, 24
　——の命名法　26
官能基変換反応　110
環反転(ring inversion)
　メチルシクロヘキサンの——　40
環ひずみ(ring strain) 39

き

気体(gas) 27
基底状態電子配置(ground-state electronic configuration) 2
軌道(orbital) 1
軌道相互作用(orbital interaction) 53
逆位相(out-of-phase) 11, 12

逆合成(retrosynthesis) 111
逆合成解析(retrosynthetic analysis) 111
求核種(nucleophile) 51, 59, 60, 96
求核性(nucleophilicity) 60, 75
求核置換(nucleophilic substitution) 96
　カルボニル基における——　95
求核置換反応(nucleophilic substitution) 59
　エステルの——　96
　スルホン酸エステルの——　72
求核付加(nucleophilic addition)
　カルボニル基への——　95
　カルボニル基へのアルコールの——　96
　カルボニル基への水の——　96
求電子種(electrophile) 51, 58
求電子置換反応(electrophilic substitution) 86
　芳香族——　85
求電子付加(electrophilic addition)
　アルキンへの——　80
　アルケンへの——　77
鏡像異性(enantiomerism) 41
協奏反応(concerted reaction) 51
共鳴安定化(resonance stabilization) 9, 33
共鳴寄与式(resonance contributor) 9
共鳴構造式(resonance structure)⇒共鳴寄与式
共鳴混成体(resonance hybrid) 9, 16
共鳴法(resonance method) 9
共役塩基(conjugate base) 29, 65
共役化合物(conjugated compound) 16
共役酸(conjugate acid) 29
共役二重結合(conjugated double bond) 16
共役付加(conjugate addition) 81, 102, 109, 123
　エノラートの——　123
　α,β-不飽和カルボニル化合物への——　102
共役付加-脱離機構　103
共有結合(covalent bond) 4
　——の軌道モデル　11
共有電子対(shared electron pair) 5

極限構造式(canonical structure)⇒共鳴寄与式
極性結合(polar bond) 5
極性反応(polar reaction) 50
キラリティー(chirality) 41
キラル(chiral) 41
キラル中心(chirality center) 42
金属水素化物(metal hydride) 105, 106

く

グアニジン(guanidine) 34
空軌道(unoccupied (vacant) orbital) 11, 53
クライゼン縮合(Claisen condensation) 119
　生体内の——　124
クラッキング(cracking) 23
グラファイト(graphite) 94
グラフェン(graphene) 94
グリコシド結合(glycoside bond) 127
グリシン(glycine)
　——の分子構造　42
グリニャール反応(Grignard reaction) 108
　——によるアルコールの合成　108
　α,β-不飽和カルボニル化合物の——　109
グリニャール反応剤(Grignard reagent) 108
D-グルコース(D-glucose) 126
グルタチオン(glutathione) 75, 76
クロム酸酸化(chromic acid oxidation) 74
　第一級アルコールの——　74

け

形式電荷(formal charge) 7
ケクレ構造(Kekulé structure) 16
結合角ひずみ(angle strain) 39
結合性軌道(bonding orbital) 13
結合性分子軌道(bonding molecular orbital) 11
結合電子対(bonding electron pair) 5, 6
結合モーメント(bond moment) 5
ケトエステル(keto ester)

——の選択的還元　106
β-ケトエステル(β-keto ester)　119
ケト形(keto form)　115
β-ケト酸(β-keto acid)
　　——の脱炭酸　120
ケトース(ketose)　125
ケトン(ketone)　95
　　——の水和反応　96
　　アミンとの反応　101
けん化(saponification)　100
原子(atom)　2
原子価(valence)　2
原子価殻(valence shell)　3
原子価殻電子対反発モデル
　　(valence-shell-electron-pair repulsion model)　12
原子価電子⇨価電子
原子軌道(atomic orbital)　1
　　——のエネルギー準位　2
元素(element)　2

こ

光学活性(optical activity)　47
光学分割(optical resolution)　48
合成等価体(synthetic equivalent)　111
構造異性体(constitutional isomer)　19, 22
ゴーシュ形(gauche form)　38
固体(solid)
　　結晶性——　27
コプラナーPCB(coplanar PCB)　68
互変異性体(tautomer)　115
孤立電子対(lone (electron) pair)⇨非共有電子対
コール酸(cholic acid)　135
コレステロール(cholesterol)　135, 136
混成軌道(hybrid orbital)　13
　　——のエネルギー準位　16
　　sp——　15
　　sp²——　14
　　sp³——　12, 13
コンホマー(conformer)⇨立体配座異性体

さ

最高被占分子軌道(highest occupied molecular orbital)　54
ザイツェフ則(Zaitsev rule)　66

最低空分子軌道(lowest unoccupied molecular orbital)　54
細胞膜(cell membrane)　133
酢酸アニオン(acetate anion)　9
左旋性(levorotatory)　47
酸塩基反応(acid-base reaction)　29
酸化(oxidation)
　　アルケンの——　83
　　アルコールの——　74
酸解離定数(acid dissociation constant)　30
酸化度(oxidation state)　75
酸触媒(acid catalyst)　69, 98
酸触媒反応(acid-catalyzed reaction)　71, 98
　　アセタール化　99
　　アルコールの——　69
　　アルコールの脱水反応　71
　　エステル化　100
　　エーテルの——　69
　　エノール化　116
　　エポキシドの開環反応　73
　　加水分解　100
　　求核置換反応　69
　　水和反応　78, 98
酸性度(acidity)　30
　　——を決める因子　31
　　1,3-ジカルボニル化合物の——　121
酸素化合物の塩基性　35

し

1,3-ジアキシアル相互作用
　　(1,3-diaxial interaction)　40
ジアステレオ異性
　　(diastereoisomerism)　44
ジアステレオマー(diastereomer)　44, 45
ジアゾ化(diazotization)　93
ジアゾニウムイオン(diazonium ion)　93
ジアゾニウム塩(diazonium salt)
　　——の生成　93
　　——の反応　93
シアノヒドリン(cyanohydrin)　98
CIP順位則(CIP sequence rule)　43
CFC　67
C末端アミノ酸残基(C-terminal amino acid residue)　130
ジエノフィル(dienophile)　83

1,3-ジカルボニル化合物(1,3-dicarbonyl compound)　121
　　——の酸性度　121
σ軌道(σ orbital)　13
σ結合(σ bond)　13
シクロアルカン(cycloalkane)　22, 39
　　——のシス・トランス異性　40
シクロアルケン(cycloalkene)　22
シクロブタン(cyclobutane)　39
シクロプロパン(cyclopropnae)　39
シクロヘキサン(cyclohexane)　39
シクロペンタジエニドアニオン
　　(cyclopentadienide anion)　33
シクロペンタン(cyclopentane)　39
　　——の封筒形構造　39
ジクロロジフェニルトリクロロエタン(dichlorodiphenyltrichloroethane)⇨DDT
2,4-ジクロロフェノキシ酢酸
　　(2,4-dichlorophenoxyacetic acid)⇨2,4-D
四酸化オスミウム(osumium tetroxide)　83
脂質(lipid)　132
シス異性体(cis isomer)　19
システイン(cysteine)　75
シス・トランス異性(cis-trans isomerism)
　　シクロアルカンの——　40
シス・トランス異性体(cis-trans isomer)　45
ジスルフィド(disulfide)　75
シッフ塩基(Schiff base)⇨イミン
ジテルペン(diterpene)　134
ジヒドロキシル化(dihydroxylation)　83
脂肪(fat)　133
脂肪酸(fatty acid)　133
四面体中間体(tetrahedral intermediate)　96, 100
重水素交換(deuterium exchange)
　　カルボニル化合物の——　117
HBr付加(1,3-ブタジエンへの)　81
臭素化(bromination)
　　ベンゼンの——　85
臭素付加(プロペンへの)　80
縮重⇨縮退
縮退(degenerate)　2
瞬間接着剤　110
植物ホルモン　76

親水性(hydrophilicity)　134
シントン(synthon)　111
シン付加(syn addition)　83, 84

す

1, 2-水素移動(1, 2-hydogen shift)
　　カルボカチオンの転位　72
水素化(hydrogenation)
　　アルキンの――　84
　　アルケンの――　84
水素化アルミニウムリチウム
　　(lithium aluminum hydride)
　　106
水素化ホウ素ナトリウム(sodium borohydride)　106
水素結合(hydrogen bond)　26
　　――による核酸塩基対　129
　　アルコールの――　27
水素添加⇨水素化
水素付加(hydrogen addition)⇨水素化
水素分子(hydrogen molecule)
　　――の結合　11
水和反応(hydration)
　　――の反応機構　97
　　――の平衡　96
　　アルケンの――　78
　　アルデヒドの――　96
　　ケトンの――　96
　　酸触媒　78, 98
水和物(hydrate)　97
スクアレン(squalene)　136
スクロース(sucrose)　127
スチレン(styrene)
　　――の酸触媒水和反応　79
ステロイド(steroid)　135, 136
スフィンゴ脂質(sphingolipid)　133
スルフィド(sulfide)　75
スルホン化(sulfonation)　86, 87
スルホン酸エステル(sulfonate ester)　72
　　――の求核置換反応　72
　　――の生成　72

せ

正四面体形(tetrahedral)　12
生分解性ポリマー(biodegradable polymer)　110
セスキテルペン(sesquiterpene)　134
節(node)　1

セッケン(soap)　100, 134
節面(nodal plane)⇨節
セルロース(cellulose)　127
セロビオース(cellobiose)　127
遷移状態(transition state)　51
旋光性(optical rotation)　47
旋光度(angle of optical rotation)　47
選択的還元
　　ケトエステルの――　106

そ

双極子(dipole)　5
双極子モーメント(dipole moment)　5
双性イオン(zwitterion)　130
相補的(complementary)　129
速度支配(kinetic control)　82
疎水性(hydrophobicity)　134

た

第一級(primary)　22
第一級アルコール
　　――のクロム酸酸化反応　74
ダイオキシン(dioxine)　68
第三級(tertiary)　22
第三級アルキルエーテルの反応　70
第三級アルコールの反応　70
第二級(secondary)　22
第四級(quaternary)　22
脱水反応(dehydration)
　　アルコールの――　71
脱炭酸(decarboxylation)
　　β-ケト酸の――　120
脱保護(deprotection)　113
脱離(elimination)　49
脱離基(leaving group)　59, 60
脱離能(leaving ability)　60
脱離反応(elimination reaction)　63
　　――の位置選択性　66
　　――の二段階機構　65
　　置換反応との競争　67
　　ハロアルカンの――　59
多糖(polysaccharide)　125
多糖類(polysaccharide)　127
炭化水素(hydrocarbon)　21
炭水化物(carbohydrate)　125
炭素酸(carbon acid)　33
炭素-炭素結合形成反応　110
単糖(monosaccharide)　125

タンパク質(protein)　130, 132
　　――の二次構造　132
単分子反応(unimolecular reaction)　61

ち

チオール(thiol)　75
置換(substitution)　49
置換基(substituent)　32
　　――の分類　90
置換基効果(substituent effect)　32, 91
置換反応(substitution reaction)
　　脱離反応との競争　67
　　ハロアルカンの――　59
置換ベンゼン(substituted benzene)
　　――の反応性　88
抽出(extraction)　36
超共役(hyperconjugation)　62
直線状(linear)の結合　15

て

2,4-D　68
THP 基⇨テトラヒドロピラニル基
DNA　129
　　――の二重らせん　129
　　――の複製　129
ディークマン縮合(Dieckmann condensation)　120
DDT　68
D 糖　125
ディールス・アルダー反応(Diels-Alder reaction)　82
デオキシリボ核酸(deoxyribonucleic acid)⇨DNA
テトラヒドロピラニル基(tetrahydropyranyl group)　113
テルペノイド(terpenoid)　134
テルペン(terpene)　134
転位(rearrangement)　49, 50
　　カルボカチオンの――　72
電気陰性度(electronegativity)　4, 31
電子押出し効果(electron pushing)　96
電子求引性(electron-withdrawing)　90
電子供与性(electron-donating)　90
電子配置(electronic configuration)　2

と

基底状態―― 2
　原子の―― 1
電子引出し効果 (electron-pulling) 98, 100, 101, 116
デンプン (starch) 127

と

同位相 (in-phase) 11, 12
糖質 (saccharide) 125
トランス異性体 (*trans* isomer) 19
トリグリセリド (trigryceride) 133
トリプレットコード (triplet code) 130
トレオース (threose) 44
トレハロース (trehalose) 127

な

ナイロン (nylon) 104

に

ニコチンアミドアデノシンジヌクレオチド (nicotinamide adenime dinucleotide) 107
二次構造 (secondary structure)
　タンパク質の―― 132
二次反応 (second-order reaction) 60, 64
二重らせん (double helix) 129
二段階反応 (two-step reaction) 52, 61
二糖 (disaccharide) 127
ニトロ化 (nitration) 86, 87
ニトロメタン (nitromethane) 8
二分子反応 (bimolecular reaction) 59
ニューマン投影式 (Newman projection) 37

ぬ

ヌクレオシド (nucleoside) 128
ヌクレオチド (nucleotide) 128

ね

ねじれ形配座 (staggered conformation) 37, 38
ねじれひずみ (torsional strain) 38
熱力学支配 (thermodynamic control) 82

は

π軌道 (π orbital) 15
π結合 (π bond) 14, 15
配向性 (orientation)
　芳香族求電子置換反応の―― 88
配向力 (orientation force) 26, 27
π電子 (π electron) 16
パウリの排他原理 (Pauli exclusion principle) 1
発がん性 (carcinogenic) 58
ハモンドの仮説 (Hammond postulate) 53
パラ攻撃 (*para* attack) 89
ハロアルカン (haloalkane)
　――の脱離反応 59
　――の置換反応 59
ハロゲン (halogen)
　アルケンへの付加 80
ハロゲン化 (halogenation) 86, 87
α-ハロゲン化 (α-halogenation)
　塩基触媒―― 118
　カルボニル化合物の―― 117
ハロゲン化水素 (hydrogen halide)
　アルケンへの付加 77
ハロゲン置換基 90
ハロニウムイオン (halonium ion) 80
ハロホルム反応 (haloform reaction) 118
反結合性軌道 (antibonding orbital) 13
反結合性分子軌道 (antibonding molecular orbital) 11
半占軌道 (singly occupied orbital) 11
反応機構 (reaction mechanism) 50
反応のエネルギー変化 (energy profile) 52
反応性 (reactivity)
　カルボニル化合物の―― 99
　カルボン酸誘導体の―― 101
　置換ベンゼンの―― 88
反応中間体 (reaction intermediate) 53

ひ

BINAP 46
PET⇒ポリエチレンテレフタレート
p軌道 (p orbital) 1

pK_a 30
　α-アミノ酸の―― 131
　酸の―― 31
pK_{BH^+} 33
PCC 74
PCB 68
光吸収 (light absorption) 20
非共有電子対 (unshared electron pair) 6
非局在化 (delocalization) 9, 16, 32, 33
非結合性電子対 (nonbonding electron pair)⇒非共有電子対
被占軌道 (occupied orbital) 53
ヒドリド移動 (hydride transfer) 107
1,2-ヒドリド移動 (1,2-hydride shift) 72
ヒドリド還元 (hydride reduction)
　カルボニル化合物の―― 106
　カルボニル基の―― 105
ヒドロホウ素化 (hydroboration)
　アルケンの―― 79
　アルコールの合成 79
ビニル重合 (vinylic polymerization) 114
ヒュッケル則 (Hückel rule) 17
ピラノース (pyranose) 125
ピリジン (pyridine) 34
ピロール (pyrrole) 34

ふ

ファンデルワールス反発 (van der Waals repulsion) 27
ファンデルワールス力 (van der Waals force) 26
VSEPRモデル⇒原子価殻電子対反発モデル
フィッシャー投影式 (Fischer projection) 125
封筒形構造 (envelope form)
　シクロペンタンの―― 39
フェノール (phenol) 32, 92
付加 (addition) 49
1,2-付加 (1,2-addition) 81
　1,3-ブタジエンへの―― 81
1,4-付加 (1,4-addition) 81, 102
　1,3-ブタジエンへの―― 81
付加-脱離機構 (addition-elimination mechanism) 96
不活性化基 (deactivating group) 90
複製 (replication)

DNA の—— 129
節 (node)　1
1,3-ブタジエン (1,3-butadiene)
　　　——の結合　16
　　　——の付加反応のエネルギー関係
　　　　82
　　　——の分子構造　16
　　　——への HBr 付加　81
　　　——への 1, 2-付加　81
　　　——への 1, 4-付加　81
不対電子 (unpaired electron)　6
物質 (material)　2
沸点 (boiling point)　27
舟形配座 (boat conformation)　40
不飽和化合物 (unsaturated compound)　21
α, β-不飽和カルボニル化合物
　　　(α, β-unsaturated carbonyl
　　　compound)　123
　　　——のアルキル銅リチウムとの反
　　　応　109
　　　——のアルキルリチウムとの反応
　　　　109
　　　——のグリニャール反応　109
　　　——への共役付加　102
　　　——への付加　109
不飽和脂肪酸　133
フラノース (furanose)　125
フラーレン (fullerene)　94
フリーデル・クラフツ反応 (Friedel-Crafts reaction)　87
ブレンステッド酸 (Brønsted acid)　29
プロスタグランジン (prostaglandin)　135
プロトン酸 (protic acid)⇨ブレンステッド酸
プロペン (propene)
　　　——への臭素付加　80
ブロモニウムイオン (bromonium ion)　80
ブロモメタン (bromomethane)　60
フロン　67
分極 (polarization)　5
分散力 (dispersion force)　26, 27
分子 (molecule)　2
分子間力 (intermolecular force)　26
分子軌道 (molecular orbital)　11
　　　エタンの——　13
　　　エチンの——　15
　　　エテンの——　14
分子構造 (molecular structure)

　　　——の表記法　18
　　　グリシンの——　42
　　　1,3-ブタジエンの——　16
　　　ベンゼンの——　16
　　　メタンの——　12
フントの規則 (Hund's rule)　2

へ

平衡反応 (equilibrium reaction)
　　　——のエネルギー　31
平面三方形 (planar trigonal)　14
平面偏光 (plane-polarized light)　47
β シート (β sheet)⇨β プリーツシート
β プリーツシート (β-pleated sheet)　132
ヘテロリシス (heterolysis)　50
ペプチド (peptide)　130
ペプチド結合 (peptide bond)　130
ヘミアセタール (hemiacetal)　97, 125
ペリ環状反応 (pericyclic reaction)　51
ペルオキシカルボン酸 (peroxycarboxylic acid)⇨過酸
ベンゼニウムイオン (benzenium ion)　86
　　　——の安定性　88
ベンゼニウムイオン中間体　88
ベンゼン (benzene)
　　　——の結合　16
　　　——の臭素化　85
　　　——の分子構造　16
変旋光 (mutarotation)　126

ほ

芳香族イオン (aromatic ion)　17
芳香族化合物 (aromatic compound)　17
芳香族求核置換反応 (aromatic nucleophilic substitution)　103
芳香族求電子置換反応 (aromatic electrophilic substitution)　85, 86
　　　——の配向性　88
芳香族性 (aromaticity)　17
放射性炭素同位体 (radioactive carbon isotope)　10
飽和化合物 (saturated compound)　21
飽和炭化水素 (saturated hydrocarbon)　21
保護 (protection)　113
　　　アルコールの——　113
　　　カルボニル基の——　113
保護基 (protecting group)　113
ホスホグリセリド (phosphoglyceride)　133
ホフマン則 (Hofmann rule)　66
HOMO⇨最高被占分子軌道
ホモリシス (homolysis)　50
HOMO-LUMO 相互作用 (HOMO-LUMO interaction)　54
ポリエステル (polyester)　104
ポリエチレンテレフタレート (polyethylene terephthalate)　104
ポリクロロジベンゾジオキシン (polychlorodibenzodioxine)⇨ダイオキシン

ま 行

マイケル付加 (Michael addition)　123
巻矢印 (curly arrow)
　　　——の書き方　55
麻酔薬 (anesthesia)　68
マルコフニコフ則 (Markovnikov rule)　78
マルトース (maltose)　127
マロン酸エステル合成 (malonic ester synthesis)　121
ミセル (micelle)　134
命名法 (nomenclature)
　　　官能基の——　26
　　　体系的な——　25
メソ異性体 (meso isomer)⇨メソ化合物
メソ化合物 (meso compound)　45
メタ攻撃 (meta attack)　89
メタ配向性 (meta orientation)　90
メタン (methane)
　　　——の結合　12
　　　——の分子構造　12
メチルシクロヘキサン (methylcyclohexane)
　　　——の環反転　40
2-メチルプロペン (2-methylpropene)
　　　——への HCl 付加　78
モノテルペン (monoterpene)　134
モルヒネ (morphine)　36

や 行

有機金属化合物(organometallic compound)　105, 108
有機合成計画　105, 110
有機資源(organic resource)　23
有機マグネシウム化合物(organomagnesium compound)　108
有機リチウム(organolithium)　108
誘起力(induction force)　26, 27
融点(melting point)　27
油脂(fat and oil)　133

陽イオン⇨カチオン
溶解度(solubility)　28
溶質(solute)　28
溶媒(solvent)　28
$4n+2$ 則　17

ら 行

ラクトース(lactose)　127
ラジカル(radical)　6
ラジカル再結合(radical coupling)　51
ラジカル重合(radical polymerization)　114
ラジカル反応(radical reaction)　51
ラジカル連鎖反応(radical chain reaction)　51
ラセミ化(racemization)　62
　カルボニル化合物の──　117
ラセミ体(racemate)　47
らせん　47

リチウムエノラート(lithium enolate)　122
律速段階(rate-determining step)　53
立体異性体(stereoisomer)　19, 37
　──の性質　46
　アラニンの──　42
立体障害(steric hindrance)　27, 60
立体特異的反応(stereospecific reaction)　64
立体配座(conformation)　38
　アルカンの──　37
立体配座異性体(conformational isomer)　37, 38
立体配置(configuration)　43, 48
立体配置異性体(configurational isomer)　37, 40
立体反転(stereochemical inversion)　60
立体ひずみ(steric strain)　38, 96
　──の解消　62
リナマリン(linamarin)　98
リボ核酸(ribonucleic acid)⇨RNA
D-リボース(D-ribose)　126
リン脂質(phospholipid)　133

ルイス塩基(Lewis base)　35, 51
ルイス構造式(Lewis structure)　6, 12
ルイス酸(Lewis acid)　35, 51
ルイス表記(Lewis representation)
　原子の──　3
LUMO⇨最低空分子軌道

励起状態(excited state)　20
連鎖反応(chain reaction)　51

ロビンソン環化(Robinson annulation)　123
ローブ(lobe)　1

著者紹介

奥山 格(おくやま ただし)

1968年	京都大学大学院工学研究科博士課程修了
1968〜1999年	大阪大学基礎工学部
1999〜2006年	姫路工業大学・兵庫県立大学理学部
現　在	兵庫県立大学名誉教授

専　門　物理有機化学・ヘテロ原子化学

ショートコース 有機化学
——有機反応からのアプローチ

平成23年10月10日　発　　　行
令和6年4月20日　第7刷発行

著　者　奥　山　　格

発行者　池　田　和　博

発行所　丸善出版株式会社
〒101-0051 東京都千代田区神田神保町二丁目17番
編集：電話(03)3512-3266／FAX(03)3512-3272
営業：電話(03)3512-3256／FAX(03)3512-3270
https://www.maruzen-publishing.co.jp

© Tadashi Okuyama, 2011

組版・有限会社 悠朋舎／印刷・株式会社 平河工業社
製本・株式会社 松岳社

ISBN 978-4-621-08447-2 C 3043　　　Printed in Japan

JCOPY 〈(一社)出版者著作権管理機構 委託出版物〉
本書の無断複写は著作権法上での例外を除き禁じられています。複写される場合は、そのつど事前に、(一社)出版者著作権管理機構(電話03-5244-5088, FAX 03-5244-5089, e-mail: info@jcopy.or.jp)の許諾を得てください。